望

MOUNTAIN

登自己的山

All This Wild Hope

奴隶哲学家的
人生突围课

（日）荻野弘之 著
（日） Kaori & Yukari 绘
罗昕蕊 译

GUANGXI NORMAL UNIVERSITY PRESS
广西师范大学出版社
·桂林·

图书在版编目(CIP)数据

奴隶哲学家的人生突围课 / (日) 荻野弘之著；
(日) Kaori & Yukari绘；罗昕蕊译. -- 桂林：广西师范大学出版社, 2025. 3. -- ISBN 978-7-5598-7732-1

Ⅰ. B82-49

中国国家版本馆CIP数据核字第2025DE5738号

著作权合同登记号桂图登字：20-2024-160号

NULI ZHEXUEJIA DE RENSHENG TUWEI KE
奴隶哲学家的人生突围课

作　　者：(日) 荻野弘之　(日) Kaori & Yukari

译　　者：罗昕蕊

责任编辑：谭宇墨凡

封面设计：UNLOOK 广岛

广西师范大学出版社出版发行

广西桂林市五里店路 9 号　邮政编码：541004
网址：www.bbtpress.com

出 版 人：黄轩庄

全国新华书店经销

发行热线：010-64284815

北京启航东方印刷有限公司印刷

开本：787mm × 1092mm　1/32

印张：7.5　　　字数：140千

2025年3月第1版　　2025年3月第1次印刷

定价：69.00元

序章

面对主人盛气凌人的姿态，
每天都心惊胆战。
哼
无论干多少活，
薪水永远少得可怜。
叮啷
啊——好想早点
摆脱这种日子啊。
虽说只要这样
勤勤恳恳侍奉主人，
总有一天会被释放……
迎来释放，
收获自由！
再见了，
我的苦日子！
但我平庸无能……
买卖
手艺
哎——
我的人生，
完蛋了……

古罗马帝国时期——
我叫尼乌斯，是塞克斯图斯的家庭奴隶。
喂！给我擦得认真点！
今天家里会来一位重要的客人，
东西都给主人擦干净咯，映不出脸就别停下来！
像我们这样生活在城市中的家庭奴隶，还是比乡下的农业奴隶要好多了。
悲惨的处境
喂！别偷懒，快去干活！
但也都是奴隶阶级。
贵族
平民
奴隶

全书漫画请从右往左读。

这个老爷子就是泽尼姆斯口中的可怜人……
我叫尼乌斯，老爷子怎么称呼？
我叫爱比克泰德。
那我就叫你爱比先生吧。
哎，爱比先生你也真是不容易。
肯定十分记恨神明吧。
嗯？
为什么我要记恨神明呢？
噢……其实……
我已经听说了爱比先生的遭遇……

喂，尼乌斯！
泽尼姆斯
我刚刚跟着主人去了趟浴场，
回来路上从奴隶市场买了个腿脚不便的老头儿。
那老头儿啊，还真是个可怜家伙——
泽尼姆斯说……
似乎那个老爷子原本是要被释放的，
但他的原主人生活过于窘迫，
就又被带到奴隶市场上卖了。
原主人（平民）
腿脚不便也使唤不了啊。
给他放了吧。
房租怎么又涨了——
真受不了啊——
把那家伙卖掉换钱得了。
那个老爷子的人生也完蛋了啊。
喂，那边的家伙！
东西擦完了就领着这个新来的去熟悉所有房间！
是，是。

在能力范围内的事，我自然会倾尽全力去做。
但无论怎么努力都无法左右的事，那就顺其自然吧。
顺其自然？
人们总会受困于自己无法左右的事，并为其烦恼不已。
你不也是如此吗？
那边两个人！还在废话什么！！
这里是卧躺餐厅，
会用来举办宴会。
我一直认定，
自己的人生已经完蛋了……
直到认识了爱比先生……

我又被卖掉了一事？
啊，对
你叫尼乌斯对吧。
你说说看，为何我要因此而记恨神明呢？
因为一般不都这样……
我明白了，
你不会做『区分』。
区分？区分什么？
这个嘛……
就是区分自己『掌控之内的事』和与之相对的『掌控之外的事』。
哦……
尼乌斯，我问你。
我并未重获新生，这是毋庸置疑的事实。
那我能尽力做些什么避免它吗？
不……避免不了。
没错。

Επίκτητος

前言

爱比克泰德（约公元 50 至 60 年—135 年前后）是古罗马斯多葛派哲学家的代表人物。

他生活在约公元 1 世纪后半叶至 2 世纪前半叶，度过了统治者由尼禄至哈德良的帝制时代初期。这时的罗马帝国雄踞史上最大版图，铸就了空前的繁荣。

可实际上，斯多葛派的诞生可追溯到此前 400 年，即公元前 3 世纪初的古希腊。斯多葛派的开山鼻祖芝诺与其弟子以位于雅典市中心的彩绘柱廊（Stoa Poikile）为阵地讲学，斯多葛派（Stoic）这一称呼也由此而来。没有自己的校园，更没有教学楼，其活动形式更接近现代的“哲学咖啡馆”。

斯多葛派是综合了逻辑学、自然哲学、伦理学三方学科的希腊化哲学的主流。公元后斯多葛派哲学流传至罗马时代，其实践性得到了进一步发展。斯多葛派哲学为不断追求“人生指南”的人们提供了跨越时代的丰富启示，可谓历久弥新的思考方式。

提到这一时期的斯多葛派哲学，自然就离不开西塞罗、塞涅卡、马可·奥勒留等人，而在整个学派居于核心地位的，是爱比克泰德这位奴隶出身的哲学家。他生于公元 50 年至 60 年间，双亲皆为奴隶，因此他自幼也继承了同样的命运。摆脱奴隶身份后，他开了一所哲学学校维持生计（爱比克泰德的生平与著作相关请参见后文）。

出身奴隶的哲学家在整个哲学史上都屈指可数，而爱比克泰德既算不上“学者”，更称不上“精英”。奴隶出身的家庭背景、伴随终生的肢体残疾、被驱逐至国外的辛酸苦楚、学校讲师薪水的朝不保夕——他的人生困难重重。即便如此，他将风行一时的斯多葛派哲学思想融会贯通为自己的生存之道，并在此基础上不断提纯、精炼。

平民与至高的地位、财富、权力无缘，要如何才能享受真正的自由，过上幸福的生活？若要达成这一目标，什么样的智慧不可或缺？

爱比克泰德对“隶属与自由”这一私人课题的探讨，依旧适用于现代人生活中的种种难题。

相较于苏格拉底、柏拉图、马可·奥勒留等哲学家，爱比克泰德或许并不为读者熟知。

但毋庸置疑，爱比克泰德影响了从古至今数不胜数的哲学家、宗教学家，以及文学从业者。直到现在，欧美仍有许多哲学家和政商两界的名人钟情于爱比克泰德，将其宏论作为自己人生信条的人更是多如牛毛。这说明爱比克泰德的思想中，的确蕴藏着跨越时代、横绝四方的魅力。

他的言语充满激荡人心的力量。不仅是现代社会，它能彻底改变所有时代人类共同的烦恼与不安。

一说到哲学，恐怕许多人都有先人之见，或如面对近现代德国哲学那般堆砌着抽象晦涩文字的著作时的敬而远之，或如不知哲学究竟有何用处的一头雾水。但爱比克泰德的讲授方式则截然相反。

他像一位把知识掰开揉碎传授给学生的老师，援引生活中的鲜活案例，将与常识迥然不同的见地、欲望的本质，以及对人际关系的理解展示在我们眼前。

只要阅读便能发现，他留下的众多名言绝非大众能轻易接受的道理。换句话说，它们不是仅能拓宽常识的通俗人生箴言，而是令人惊异甚至反感，仿佛遭了当头一棒的悖论。但反过来仔细琢磨，则会逐渐认清个中道理，不得不心服口服。

总之，爱比克泰德的话语如同禅师讲法那般，将在你心里掀起阵阵静谧但可见的涟漪。它以“惊异”为原点，定会让你重新开始思考生活中的种种难题。

读后你可能会赞成，也可能反对或抱有疑问。爱比克泰德的哲学可不是哲学家与宗教学家的专属，不论是政治家、军人、运动员还是艺术家，不论信奉基督教还是佛教，乃至无神论者，都能从中获得相应的启示。当然，感到惊异、反感的情况想必也不在少数。

若阅读过程中萌生了疑问或洞见，也希望读者们可以让其落地、生根发芽。只是，许多文章毕竟写于古罗马时代，难免有现代人不能理解的奇妙风俗，相信只要稍加解释就能让大家明了。

本书旨在通过展示并解读爱比克泰德的名言，让读者能重新审视自己的人生，也希望大家可以停下脚步思索一番，究竟怎样才算是作为人在好好生活。

“好好生活”（eu zen）的希腊语可以理解为“幸福地生活”。公元前339年，被爱比克泰德以及其他斯多葛学派信徒尊为楷模的苏格拉底被判死刑。在狱等待行刑期间，曾有一位名叫克力同的旧友愿意协助他越狱，但苏格拉底拒绝了，并表示已下定决心从容赴死。那时二人留下了以下对话：我们真正应当珍惜的，不是活着就好，而是要“好好生活”，即正确、充实地生活（柏拉图《克力同篇》）。

“好好生活”揭示了人生在世的终极目标，时至今日也未曾改变。

若本书能促使读者重新审视自己的人生，提供解决各色难题的突破口，笔者也将荣幸至极。再进一步，或许不仅是积极“解决”问题，而且是通过不一样的视角，从根源“化解”我们心中的疑团。

日本上智大学 哲学系教授

荻野弘之

目录

登场人物介绍

主人

塞克斯图斯·克劳狄乌斯

拥有约两百家奴的贵族，元老院议员。一直苦于奴隶们懒散的态度（撒谎、欺瞒、装病等），正巧在奴隶市场发现了以“腿脚不便却诚实而正直”为卖点的爱比克泰德，便将他带回，让他看守其他奴隶。

主人的家庭奴隶

爱比克泰德

原主人因为生活窘迫，为筹措资金，将他带去奴隶市场出售。而后他被塞克斯图斯买回。因腿脚不便，便充当了奴隶看守。

尼乌斯

曾与同为奴隶的双亲一同劳动，成人后被卖到塞克斯图斯身边。总是很悲观，认为自己没有才干，就算能被释放也无法变得幸福。

泽尼姆斯

与尼乌斯一同被主人买回。一个劲地讨好主人，也因此拿到了多于他人的犒赏，得以中饱私囊。一直期盼着能被释放，重获自由身。

爱比克泰德的生平与著作

· 从奴隶身重获自由，成为哲学讲师

爱比克泰德因为出身奴隶，身世上还存有许多尚未明朗的点。他出生于小亚细亚半岛弗里吉亚地区（今土耳其西南部）的希拉波利斯（离亚细亚行省都城以弗所向东160千米），双亲皆为奴隶。

事实上，爱比克泰德的本名不详，这个名字意为“后天得来之物”，确也符合奴隶的身份。

幼年时期，爱比克泰德曾在罗马侍奉一位名叫爱帕夫罗迪德的人。爱帕夫罗迪德同样是奴隶出身，被释放后成了历史上有名的暴君尼禄大帝（公元54年—68年在位）的秘书，仗着自己的身份作威作福，据说最后还协助尼禄完成了自杀。

后来，爱比克泰德的得意门生阿里安（约公元85年—160年，著《亚历山大远征记》）将老师的言行整理成《哲学谈话录》（又名《语录》）一书。书中生动描写了大量为讨达官贵人欢心而明争暗斗的人物，这或许是因为爱比

克泰德少年时期就跟随主人出入宫廷，那里的所见所闻给他留下了深刻印象。

爱比克泰德常称呼自己为“跛脚老人”（见《哲学谈话录》第 1 卷 16 节等处）。有说法称这是主人虐待导致的后遗症，但也不排除有可能是晚年患了类风湿性关节炎。

爱比克泰德早在少年时期就显示出了自己的聪颖，也因此得到主人特许，参加了当时斯多葛派的资深学者莫索尼乌斯·鲁弗斯（约公元 30 年—101 年）开设的讲座，这便是他与斯多葛学派缘分的开端。等到他结束奴隶生涯被释放，爱比克泰德立即在鲁弗斯的帮助下开始了助教生活，不断精进自己的学问。

但后来，图密善大帝（公元 81 年—96 年在位）为加强思想统摄，将所有批判中央暴政的学者都打成了危险分子，并于公元 89 年发布哲学家驱逐令，将他们赶出罗马。爱比克泰德因此离开了罗马，移居希腊本土的尼科波利斯，在那里开设学校讲授哲学。

尼科波利斯是罗马帝国初代皇帝奥古斯都为纪念阿克提姆海战胜利而建立的新兴城市，是罗马帝国统治下希腊西部的政治、经济中心，即便是现在，我们也能从遗迹中窥见当时的繁荣。爱比克泰德之所以会选择这座城市，既因为它有连接意大利半岛与希腊本土的航线，十分便利，也可能是迷上了新兴港口城市特有的、不被旧俗约束的国际化风貌。

自那以后，除在雅典和奥林匹亚一带短暂停留之外，爱比克泰德的余生都安顿在这座城市。

很快，爱比克泰德以斯多葛派哲学家的身份名声大噪。除了入学的青年，各界人士也频繁来访，与他会面、交谈。政界要人中，还有一位曾在旅途中造访，他就是五贤帝之一的哈德良大帝（公元 117 年—138 年在位）。

长久以来，爱比克泰德都是孑然一身，直到晚年才结了婚。这段婚姻与其说是他自己的意愿，不如说是被熟人托付养育孤儿重任的迫不得已。公元 135 年，爱比克泰德逝世。此时，后来成为皇帝的马可·奥勒留尚处于少年时期。

爱比克泰德的一生就这样分成两个阶段：青年时代侍奉主人，不断研习学问；后半生开设私立学校，讲授哲学。

社会最底层的出身、伴随终生的肢体残疾、被驱逐至国外的辛酸苦楚、学校讲师薪水的朝不保夕，以及孑然无依的每一天……正是这番经历让他对各类疑惑有了更深刻的认知：面对荆棘遍布的生活，有心无力的一般民众如何才能不靠地位、权力和财富获得真正的自由？若想获得真正的幸福又应当具备何种智慧？回答这些问题的关键就蕴藏在斯多葛派哲学中。

· 《哲学谈话录》与《手册》

身为私立学校讲师，爱比克泰德并未留下专著。或者说，他是在追随同样一生没有留下任何著作的苏格拉底的脚步。

然而，他活跃于政界的弟子阿里安却认为这是一种浪费，于是着手开始记录，尽可能忠实地还原了老师的言行乃至腔调。这就是日后问世的《哲学谈话录》，全书共八卷，现仅存四卷。

书中收录了爱比克泰德的授课及师生间的对话，据说起初也无意出版，只是后来逐渐流传至学生以外之人的手中，走入了大众的视野。整本书的内容和观点多有重复，给人些许冗长繁杂的印象，但这正是爱比克泰德的学校和课堂最鲜活的写照，是研究他的人格与思想时必要的史料。

马可·奥勒留大帝（公元161年—180年在位）还在《沉思录》中回忆道，自己通过师父昆图斯·尤尼乌斯·鲁斯蒂库斯（约公元100年—170年）得以借阅许多哲学和文学类的书，从而熟知了爱比克泰德留下的经典语录与言论。

奥勒留大帝写于晚年的《沉思录》中，除了提及爱比克泰德本人之外，对他著作的直接或间接的摘引也随处可见。由此可知，爱比克泰德对奥勒留的影响巨大。一方是被释放的奴隶，一方是罗马的皇帝，二者地位悬殊，却通过书籍实现共鸣，结成了心照不宣的师徒关系。放眼整个历史，这都是一则耐人寻味的悖论。

此外，阿里安还进一步将《哲学谈话录》凝练成了53节的《手册》（*Encheirídion*）。手册，为“可置于掌中之本”，即“文库本”之意，是言简意赅传达爱比克泰德教谕的“说明书”。

起初，这本书可能会让人以为是为教导而作，但随着阅读深入就会发现，它为让读者融会贯通，毫不保留地展现了爱氏的核心思想和许多意想不到的悖论。此外，《手册》还有文体轻松明快、案例丰富，以及便携等优点，这些优点让它甚至比《哲学谈话录》流传得还要广，带给后世巨大影响。只要提到爱比克泰德（的著作），比起《哲学谈话录》，更多人会联想到《手册》。

近代以后，斯多葛哲学成了禁欲主义的代名词。比起学说或理论，斯多葛派对世间万物的阐释更多集中在“生存方式”上。之所以如此，除了斯多葛学派开山鼻祖芝诺（约公元前 335 年—前 263 年）和第三代学派代表人克律希波斯以外，更多要归于爱比克泰德的《手册》。另一方面，对斯多葛学派的批判也多是针对《手册》中的表述。

近年来，学者们对《哲学谈话录》有了深入研究，大众因《手册》对爱比克泰德产生的“严肃又孤傲的哲学家”的印象也发生大幅转变。人们不仅见识了他得心应手的修辞和恰到好处的训诫，更认识到他其实比想象中更温和，是一位“中庸、充满温情、注重实践的教育家”，也是深受苏格拉底和生于锡诺帕的犬儒派大家第欧根尼思想浸润的哲学家。

虽然在日本，爱比克泰德称不上家喻户晓，但他带给后世的影响丝毫不逊于苏格拉底和柏拉图等古典时代的哲学家，各色各异的人都接受了他思想的熏陶。

其中，哲学家皇帝马可·奥勒留的《沉思录》就是距他最近的一个例子。从古希腊哲学家起，到后来的俄利根

（185 年—253 年）等初期基督教思想家、布莱兹 · 帕斯卡尔（1623 年—1662 年）及尼采（1844 年—1900 年）等道德哲学家、卡尔 · 希尔逖（1833 年—1909 年）和阿兰（1868 年—1951 年）、远赴中国传教的天主教耶稣会传教士利玛窦（1552 年—1610 年）、美国诗人爱默生（1803 年—1882 年）、自然主义作家梭罗（1817 年—1862 年）、真宗大谷派佛教哲学家清泽满之（1863 年—1903 年）等人也都是他的忠实读者。可见，即便信奉不同的教义，拥护不同的立场，跨越古今，横亘东西，喜爱他的人都不胜其数。

越南战争时被俘虏的美军上将斯托克代尔在监狱中对他的书爱不释手，汤姆 · 沃尔夫的小说《完美的人》也对他有所提及。在当今欧美，爱比克泰德的思想作为生活指南而产生了深远影响。

本书会分别从《手册》的每节中摘选令人印象深刻的部分，配以幽默有趣的漫画和简洁明了的阐释，一并呈现给大家。

接下来，就让我们一起进入爱比克泰德的奇妙世界。

第一部分

更正认知

——什么是『掌控之内的事』

听好了，尼乌斯。
地位、名誉和财富，
是自己可以掌控的事吗？
嗯……我想想……好像不是。
没错。
那么，如果它们成为衡量幸福的标准，人会变得怎样呢？
得不到就永远不会满足，
一旦得到又担心失去，惶惶不可终日。
最后，不也是被它们束缚着过了一生吗？
呜……
财产
地位
名声
名誉
你刚才说，
自由自在地活着更幸福。
是的
倘若你真这么认为，
对于地位、名誉这些掌控之外的事物，
你就必须无视才行。

第1话 “要是我也出生在贵族家庭……”

啊——
真羡慕他们啊。
嗯？
要是我也出生在贵族家庭，
那该多幸福啊！
尼乌斯，我问你。
受困于某事活着，
与不被任何事束缚，自由地活着，
你认为怎样更幸福呢？
还用问吗，
肯定是自由自在地活着更幸福呀。
哦？
那被地位和名誉所困就是不幸吗？
呜……

通往自由的唯一途径，
就是不在意
“自己无法掌控的事”。

当你看到那些声名显赫、权高位重，或深受好评的人时，注意不要被表象迷惑*，也不要妄断他们就是幸福的。这是因为，只要认识到幸福的本质即我们掌控之内的事物，羡慕或嫉妒这类情感就毫无容身之处。不要向往将军、议员或执政官这些名号，而是要成为自由之人。通往自由的唯一途径，就是不在意“自己无法掌控的事”。

——《手册》第 19 节

*“被表象迷惑”是爱比克泰德的常用表述，意为无意识中做出超越“对事实认知”的错误价值判断。

那些一旦执着就会招致不幸的事物

· 从奴隶身重获自由，成为哲学讲师

“禁欲”一词出自古代的斯多葛学派，本意为“不是对自己的欲望听之任之，而是意识到它的存在，并多加控制、多加忍耐的心态”。到了现代，运动员以及考生等朝目标努力时践行禁欲生活方式的人也不在少数。

那么，为什么有必要禁欲呢?

那是因为，恰当控制欲望的能力会直接决定我们的幸福与否。

斯多葛派对待欲望的基本原则是，正确区分“**自己掌控之内的事物**”与“**自己掌控之外的事物**”。前者表示**只将欲望的对象限定在自己的掌控之内**，这就是他们提倡的“禁欲”。

爱比克泰德提出的“自由之人”，也是指既不先入为主也不落入偏见，能够分清自己能做到和无法做到的事后再采取行动的人。

爱比克泰德的《手册》第 1 节便有如下表述:

世间万事可分为“我们掌控之内的事”与“我们掌控之外的事”。判断（hypolepsis）、意愿（horme）、欲望（orexis）、厌恶（ekklisis）等，由我们自身发出的行动都属于掌控之内；身体、财产、声誉、官职等，不由我们自身左右的事物都属于掌控之外。掌控之内的事物本性是自由的，不被束缚也不受阻碍；掌控之外的事物脆弱至极，受人支配也受人阻碍，压根不属于自己。

地位、声誉及财产——仔细思考一番便能发现，我们欲望中的大多数是自己难以掌控的事物。

也许会有人反驳说，只要努力就可以得到。但事实是，无论多与少，只要无法避免他人想法或自身运气成分的参与，**这些事物就无法划入自己的可控范围，也就不是“我们掌控之内的事”了**。

爱比克泰德坚决反对这样将欲望寄托在“掌控之外的事”上的态度。

他曾将“羡慕他人”这种情感作为最典型的例子来阐述自己的观点。

到了现代，看到政治家、艺人、运动员等“名人”身着华美的服装，过着优渥的生活时，想必不少人都会暗生憧憬。若是被问及将来的梦想，许多孩子也会回答“成为名人”，这可谓古今一辙。

环顾四周，就算不及“名人”之列，我们认识或熟知的人当中，令人眼红的存在也比比皆是。形象突出、气质

斯多葛派哲学对待欲望的基本原则

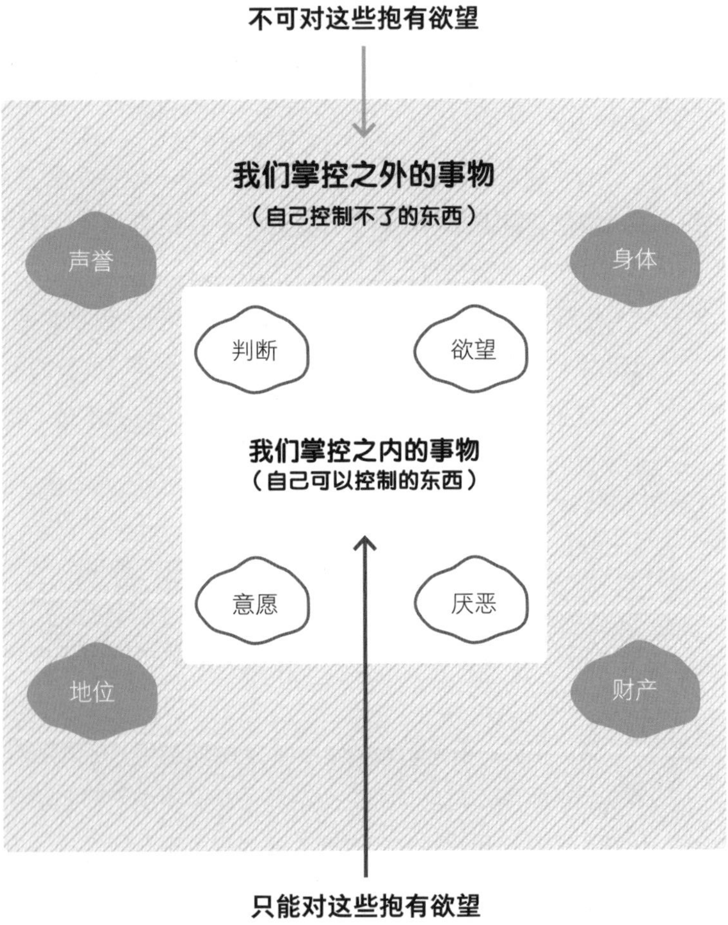
不可对这些抱有欲望
我们掌控之外的事物
（自己控制不了的东西）
声誉
身体
判断
欲望
我们掌控之内的事物
（自己可以控制的东西）
意愿
厌恶
地位
财产
只能对这些抱有欲望

不凡、广受欢迎、高学历、有家产……令人羡慕之处总能列出一二。

就算再羡慕，**他人的地位和声誉都不属于自己的可控范围**。很多人却依旧一意孤行，见到他人的成就与富足后也执着于受人瞩目，陷入了不必要的竞争。最终，只会落得痛苦不堪。这无疑是十分愚蠢的。

为了真正活得自由，我们就不能受困于自己掌控之外的事物，这才是通往幸福的捷径。

肯定躲不开呀。
我要能躲开，
也不会这么担心了。
嗯……
那你为什么，
那你为什么一定
要躲开呢？
呃
我们刚见面的那天提
到了『区分』。
掌控之内的事物
掌控之外的事物
对待你避之不及的事物，也是
需要做出区分的。
疾病、死亡或
贫困——
你把它们都看作自
己的可控之事，
才会在突如其来时
失魂落魄。
面对无法避免的事物
时干脆不避，
这才是通往幸福的
捷径。

第2话 “和爱比先生接吻？！”

爱比先生，你听说了吗？最近城市地区传染病肆虐。
我也变得疑神疑鬼了，总担心自己会感染……
尼乌斯啊……
慢着，爱比先生你做什么？！
你躲开了呀。
为什么要躲？
为什么……
因为不想和爱比先生接吻啊。
不想啊……
那我问你，
要是传染病来了，你能像刚才那样躲开吗？
？

如果逃避疾病、
死亡或贫困，
你就会陷入不幸。

最好记住，欲望为你带来你想要的，厌恶协你躲过你想避免的。得不到你想要的是时运不佳，躲不过你逃避的就会深陷不幸。

如果你只避开“掌控之内的事物”中“不合乎自然的部分”，那么你就永远不会被卷入其中。但如果逃避疾病、死亡或贫困，你就会深陷不幸。

因此，你要从想避免的对象中剔除掌控之外的事物，转而避开掌控之内的事物中不合乎自然的部分。

——《手册》第 2 节

只避可避之物

“区分掌控之内和掌控之外的事物”，这种思维方式不仅针对“欲望”，也同样适用于“厌恶”。爱比克泰德认为，要只避开自己掌控内的可避之物。

那“自己掌控内的可避之物”究竟指什么呢?

照常理而言，疾病肯定算其中之一。只要平日里注重饮食健康，多加锻炼，定期体检，就能一定程度避免罹患疾病。

同理，贫苦似乎也能在一定程度上远离。只要认真工作，勤俭节约，保有积蓄，再怎么也不至于落得那番田地。可这样一来，爱比克泰德的主张就出现矛盾了。

其实只要仔细一想就能明白，不管多么小心，想防患于未然，疾病和死亡都不是可以完全避免的事物。另一方面，“发生事故灾害，让财产尽失”的可能性也无法排除。这些事情都在自己的可控范围之外。

翻开记事本写下周计划时也好，告知家人要启程返乡时也罢，我们一面设想自己并不遥远的未来，一面在潜意识中认定，自己、家人及所有来往过的人都不会在下一秒死去。

这样的潜意识对于人类安心生存是必不可少的。退一步说，如果总是畏首畏尾，认为跨出一步就是地狱，那就什么都做不到了。

但是不得不承认，比起现实，我们的内心更容易偏袒自己的期望，会下意识地躲开不合心意的现实。

换句话说，爱比克泰德提倡的是面对不合心意的现实时不逃避的勇气，但这并不代表他在倡导没必要为健康努力。他是想提醒大家，在为健康努力的同时，也不要忘记疾病无法从根本上避免。否则一旦生病，巨大的冲击很容易将我们击垮。

不管旅行计划做得多完美，目的地总会有各种意外杀出。如果认为一切按照计划发展是理所当然，一旦出现突发状况就很难临机应变。相反，意识到旅行就是常伴意外的人往往更能泰然处之。人生也是同理。

爱比克泰德一贯主张，自己可控范围之外的事物不可期。时刻铭记天有不测风云，或许就是不迷失自我的秘诀。

你想想，泽尼姆斯会不会弄坏石像，
那是你控制得了的吗？
控制不了……
没错。
因为那是他掌控内的事。
如果你总是寄希望于他人，却又因对方不如自己所愿而烦恼不已，
这样只会变得越发不幸。
为什么呢?
他人的想法只属于他们自己，永远不会成为你的东西。
那么尼乌斯，你现在该做什么呢？
是要继续在意呢，
还是放下对泽尼姆斯的掌控呢？
喂——
选哪个呢——
爱比先生，也不用离那么远啦。

第3话 “尼乌斯，你该做的是……”

你能做的
就是努力实现
力所能及之事。

如果你希望你的妻儿、朋友能够长生不老，那可就太蠢了。因为你想强行掌控“自己掌控之外的生死”，想擅自操纵“属于他人的事物”。同理，如果你希望你的奴隶不犯错，那也和傻瓜无异。因为你希望过失不是过失，而是别的什么东西。

但假如你的愿望是欲求之物不会落空，这件事不会令你失望，你能做的就是努力实现力所能及之事。

——《手册》第 14 节

傻瓜才会寄希望于他人

面对家人、朋友、宠物，或是喜爱的物件、财产等自己拥有的一切，大概没人不希望这些可以永远留在自己身边。但总有一天，有形之物会损坏，人类也逃脱不了死亡，这些事实我们理应心知肚明。

可我们真的“明白”了吗?

虽然很残酷，但爱比克泰德认为，希望自己珍爱的人获得永生简直是傻瓜行为。

为什么?

因为这还是把“自己掌控之内的事物”和“自己掌控之外的事物”混为一谈了。不论愿望多么强烈，珍爱之人的生命也不会因此永久延续。

换句话说，爱比克泰德真正想告诉我们的是，自己掌控不了的事不会因为许愿而成真。对于生活在现代社会的我们，他的教诲或许能在人际交往方面发挥真正价值。

他以“奴隶的过错”为例展开了说明。古希腊和古罗马为奴隶制社会，随处可见在同一个地方干农活、做家事的奴隶。爱比克泰德认为，期待奴隶们完全不犯错的人就是“愚蠢之人”。

到了现代，“奴隶”就成了“不守规矩的小孩”“品行不良的学生”“干不好活的部下”“态度恶劣的上司”等角色。

在家庭、职场等人际关系中，希望别人按自己想法办事的冲动屡见不鲜。但别误会，他人并不在我们的掌控范围之内，他人的行动也不由我们操控。

我们能抱有希望的，也只有自己能力范围内的事。虽然无法改变态度恶劣的上司，但是可以改变自己对待上司的态度。

如果非要对什么抱有希望，那就是仔细揣摩某件事是否在自己能力范围内。不将希望寄托于他人，努力实现力所能及之事——相信下次为人际关系烦恼不已时，这样做就能如释重负。

那你认为他们的想法就一定正确吗？
不……也不是……
嗯？那既然如此，你为什么不说呢？
那……那是因为……
尼乌斯，你的行动并不是基于自己的考量吧？
所谓行动，不就是基于自己的考量，甄别后再执行的吗？
但你刚才是遵循别人的想法和选择而行动。
你难道喜欢把自己的东西交给别人保管吗？
不……我不喜欢。
那只要你自己认为正确，贯彻你的意志就好了。

第 4 话 “该向主人汇报吗？”

喂，泽尼姆斯！不得了了！
怎么了？
我刚刚看到一个客人，
临走时顺走了主人的壶！
什么？！
我这就去跟主人汇报。
喂！慢着！
你傻啊！
你要真去汇报了，主人反而会指责我们为什么没拦住他啊！
那难道就坐视不管？
那还能怎么办？其他人肯定也这样说！
哦？尼乌斯，
你不跟主人说那件事了吗？
是啊……
大家都劝我别去……
都觉得我的想法是错的……

为什么要
害怕那些嚷着说
“你错了”的人呢？

只要你下定决心，认定某事非做不可，即便会遭到大多数人的误解或反对，也不要惧怕被人看到你的行动。

如果你的想法并不正确，那从一开始就不要采取任何行动。但是如果它本身是正确的，那为什么还要害怕那些指指点点呢?

——《手册》第 35 节

摆脱“他人评价”的泥沼

政治家、艺人和运动员都需要大众的支持与喜爱。上镜时，穿搭会时刻暴露在众人眼前；在博客、推特发言，也要规避被“网暴”的风险。

相反，也有诸多像官员、军人、学者或匠人的工作，哪怕做到实力第一也很难受到万众瞩目。说到底，“实力”同样是他人给予的评价。

世上的普通人中也有人缘好、受欢迎、被朋友包围的人，获奖无数的、地位高的人。与之相对，也存在许多容易被误解的、孤独的人，以及与地位无缘的人。

只是，无论多么努力，他人的评价或看法都不是自己控制得了的。反过来，过于在意他人眼光和评价就容易迷失自己的道路。

因此，爱比克泰德告诫我们，不要畏惧他人的评价。

近来，社交网络更加触手可及，所有人几乎每时每刻都暴露在他人的视野之中。因此，看待事物时也就更容易忽略自己，趋向他人的评价。

想让朋友们羡慕而选择进入名企，想显示生活充实所以节假日出门旅行……还没等自己意识到，看待事物的视角就安在了别人身上。

但正如爱比克泰德所说，不论怎么努力，他人的评价或看法都不在自己的掌控之内。就算进入名企也会被贴上趋炎附势的标签；去到向往已久的咖啡店后，晒出照片也可能招来厌恶，被看作炫耀吹嘘。

只要一直活在自己控制之外的“他人的评价”中，就会深陷无法自由行动的泥沼。最终，我们听不见自己的真实心声，也看不见自己应走的路。

自由生活的唯一方法，就是活在自己的意志中。

在现代社会，越是充斥着他人的评价，就越不能迷失自己的道路。希望大家谨记爱比克泰德的教诲。

我听到你的描述时，是这样想的：
你想从捆绑自己的思维中挣脱，
这个梦或许预示着你的成长。
怎么样？
还觉得是个噩梦吗？
好像不是了。
尼乌斯，
不仅是梦，世间万事皆是如此。
嗯？
发生在你身上的所有事，本身并无好坏之分。
只要你这样想，所有事对你而言都是好事。
好大的雨啊……衣服干不了……
下大雨了！可以不用洗衣服了！

爱比先生……早……
你怎么了？脸色有点……
是的……我做了个噩梦。
具体是什么样的？
是这样……
救命啊——
不要啊——
这肯定……是一个征兆……预示我会受到某种刑罚……
啊——好可怕——
听我说，尼乌斯，梦本身是没有好坏之分的。
全凭做梦的人来判断它是好是坏。
?
换句话说，是你自己把这个梦解读成噩梦的。

凡事发生，
皆有利于我。

如果乌鸦啼着不祥而来，不要被表象迷惑。请即刻做出区分，并告诉自己：“这些预兆并不是针对我，充其量是与我的身体、财产、名声，或者家人有关。如果我如此期望，那么所有的预兆就会化作吉兆，因为我可以控制自己用什么态度对待这些事情。不论何物将至，于我皆可得益。”

——《手册》第 18 节

不要苛求万事都能如你所愿，让该发生的顺其自然发生。这样，你就会过上安稳幸福的生活。

——《手册》第 8 节

看待方式才是唯一解法

现代人或许难以理解，但在古代，人们的生活中充斥着咒术和预言。古代地中海区域（古希腊和古罗马）有着各种各样的占卜术，其中，“鸟占术”最为人们推崇。若鸟儿整整齐齐排成一列则是和平的吉兆；相反，在空中乱飞，发出刺耳啼叫则是寓意动乱的凶兆。

其实，现代人也没理性到有资格将古代人的行为视作迷信，为占卜或抽签结果一阵喜一阵忧的人也不在少数。

让视线回归日常生活，就会发现我们时常因周遭状况而隐隐不安。比如，光是看见上司神情凝重地在自己身旁就畏畏缩缩，担心对方劈头盖脸就是一顿臭骂。

对此，爱比克泰德主张“区分事实与判断”。上司神情凝重是事实，但那是好是坏全看个人的判断。

抽签也同理。抽到“大凶”垂头丧气，要是恰有重任或考试，就更安不下心了。即便对结果半信半疑，也总会闪现出不好的念头，担心坏事万一发生。

这里需要强调，爱比克泰德并不是叫我们不要相信占卜或抽签。

面对工作也好，人际关系也罢，关键是要意识到，占卜抽签出现不祥结果的“事实”与揣测工作无法如愿进展或害怕自己出现精神问题的“判断”，是互不相干的两件事。

换句话说，事实属于自己掌控之外的事物，我们无可奈何，对事实的判断则在自己掌控之内。爱比克泰德坚信，没有任何一件事本身就是坏事。

一件事本身并无好坏之分，像地震或暴雨，也都产生于自然机制，本身并不存在是非善恶。

但另一方面，所有人都希望万事如意。祈祷永远不要下暴雨、不要发生地震，是人之常情，学业有成、生意兴隆、无病无灾更是极为自然的愿景。

然而，爱比克泰德对这种惯常思维按下了暂停键，并提出了不同于大众的观点。

未来发生的任何事都并非人类可以左右，我们原本也没资格提出诉求。再进一步说，就算实际情况和自己期望不符，或看起来糟糕透顶，我们也完全有能力加以善用。

例如，或许大家小时候都在郊游的前一晚祈祷过第二天是个好天气吧？但起床一看，外面不巧下着雨。最后，我们玩了其他娱乐项目，开心地度过了这一天。

哪边才算“好事”呢？思考一番后发现，这比想的要难以抉择。

我们不妨设想两种情况。

第一种是固执地坚持自己最初的愿望。

“要是不下雨就能去郊游了”“要是考上了第一志愿的学校，现在肯定能找个更好的工作”……可见，这条路充满了斩不断的留恋与逃不掉的后悔，只会徒增失望。

我们也可以转换思维，“虽然下雨了但还是过得很开心，真棒”“这份工作让我遇到了十分重要的朋友，很感激这份工作”……可见，我们还有第二条路可选，即“不同于自己最初设想的当下”。“天职（上天赐予你的职业）”这一说法也源于此。

第二种情况便是爱比克泰德倡导的“正确运用”之道。

接受一切发生在自己身上的事，扫除对将来的不安与烦闷，就能达到“乐观”的最高境界。

日本有句俗话，“明日自有明日风”；欧美等深受基督教影响的文化圈也有不少人熟读《圣经》中的名句：“明天自有明天的忧虑”“你们的天父原知道你们需要这一切”。这是对未来绝不会发生坏事的笃信，爱比克泰德与基督教徒共同信奉着这种“天命”。

爱比克泰德《手册》的这节中，“过上安稳幸福的生活”的原文其实是描述水从高处往低处流。不会因为愤怒或担心而烦闷，面对所有事、所有人都泰然处之——这便是爱比克泰德描绘的幸福。

我们身边每天都会发生各种各样的事。不要先入为主，擦亮双眼直面事实，这才是能让我们避免任其摆布的唯一方法。

凡事发生，皆有利于我。爱比克泰德也在此揭示了我们觉得理所当然却又视而不见的真理。

那我问你，
如果无花果还没熟，你会怎么办？
当然是等它成熟。
那要是熟过头掉到地上了，
你又打算怎么办？
啪叽
那也不会捡起吃。
那你会吃什么样的无花果呢？
肯定是熟得刚刚好的果实呀。
那你在它成熟前都得忍着呀，想吃也吃不了。
是的……那也是没办法的事嘛。
所以尼乌斯，如果你又着急想被释放，
就像刚才那样暗示自己。
欲望朝着现在，不纠结过往，不瞄准未来。
这才是对待欲望的正确方式。

终于可以休息了——
尼乌斯，你记不记得有个高个子的家伙？
嗯嗯
最近都没怎么见到他，才听说好像被释放了。
真羡慕——
哎——什么时候才能轮到我呢。
远在天边，还是近在眼前？
到底还要等多久呢。
尼乌斯，你想早点被释放吗？
我还没有啦……
尼乌斯呀，说起来，你喜欢无花果吗？
无花果吗？
嗯……也算喜欢吧。

不要急着让
欲望结果，
请静候它的到来。

记住，生活是一场晚宴，而你应优雅地坐在桌旁。

食物传到你的面前，你就伸手去接，只取自己那份。若食物从你面前匆匆经过，勿去截取。若是迟迟不来，不要急着让欲望结果，请静候它的到来。

——《手册》第 15 节

不要向过去和未来索取

在古希腊、古罗马时代，大富大贵的人家在遇到喜事时会设下酒宴，邀请一众亲朋好友一同欢庆，从傍晚宴饮到深夜。

但酒宴并不像法式料理那样，从一开始就分好每个人的份，而是需要客人自己拿走送餐奴隶端上来的食物。所以，形式上更像是如今中餐馆里的圆桌聚餐，只能等菜转到自己面前时下手。

这就容易出现一些和设想不符的状况。例如，菜传到自己眼前却一不留神错过，只能眼睁睁看着它被邻座夹走；看到自己喜欢的菜式，也只能遵守规矩，和旁人一样乖乖等待它传到自己面前。

倘若运气好便能顺利享受到美味，但一旦错过，万不可执着不放，也不可空盼好机会再度降临。

食物传到你的面前，你就伸手去接，只取自己那份。若食物从你面前匆匆经过，勿去截取。若是迟迟不来，不要急着让欲望结果，请静候它的到来。

就这样，爱比克泰德巧妙引用当时尽人皆知的酒宴礼仪，教导学生在人生中对待欲望的方式。

总而言之，不要纠结过往，也不要期望未来，注视当下并享受它带来的一切。这便是爱比克泰德认为对待欲望的应有之义。

这一观念与古罗马诗人贺拉斯的名言“抓住今天”(carpe diem) 也很贴合。但这绝不意味着可以沉溺于一时的欢愉，而是蕴含了要珍惜当下的“一期一会”之道。

如果能做到只关心当下，那你既不会被无法改变的过往牵绊，也不会为不可捉摸的未来烦乱。同时，保持一颗平常心也有助于注意力的提升和集中。

尼乌斯啊，我问你。腿脚不便就能剥夺心灵的自由吗？
不……也不是的……
对吧？我的所思所想皆是自由的。
疾病或伤痛，的确都是身体上的障碍。
意志总是自由的
但只要不被它们左右，我的意志就不会受到半点阻碍。
你我都是主人的奴隶，但其实只有我们的身体受到制约。
我们的意志唯有我们自己才能自由掌控。无论什么事、什么人，都不可插手其中。

你看，尼乌斯。
似乎那老头是主人买来监视我们的。
真好啊——
只要站着就行了！
我们可是一个劲儿在打扫
好了，泽尼姆斯。
老头，你腿脚不便还真好啊。
只会被安排这种轻松的工作。
好了，快别说了！
不过呢，你腿脚那么不方便，
就算被释放了也永远无法成为自由人吧。
对不起，爱比先生……
那家伙就是那样……
没事没事。
我腿脚不方便也是事实。
只不过某种意义上，我已经是自由人了。
为什么？

疾病会造成
身体的障碍，
但不会妨碍意志的自由。

疾病会造成身体的障碍，但不会妨碍意志的自由，除非那是你的选择。腿脚不便，但于意志无碍。

不管发生什么事，都请告诉自己，困难会阻碍许多事物，但绝不会阻碍你自己。

——《手册》第 9 节

什么才是谁都拥有的“真正的自由”？

清晨醒来后感觉像是发烧了，浑身疲乏无力，一测体温发现烧到将近 38℃。身体都成这副模样了，也不大可能去上班了吧。相信无论是谁都有过类似的体验。

束缚自己的或是没钱，或是没时间，大多时候都是缺少某种手段。但仔细一想便能发现，最大的制约其实是我们“身体上的不自由”。

毋庸置疑，我们的身体属于自己，因此，身体的异样才更难以察觉。像平时走到车站、吃饭，没有任何不便就完成这些小事时，几乎很难意识到自己身体的存在。

若某天对身体的意识忽然清晰，那一定是有什么事“做不到了”。急速奔跑后忽然心悸，牙疼，因伤病寸步难行……总之，就是出现了不寻常的“负面体验”。

就像平时戴着眼镜时基本不会感觉到它，只有当镜片起雾或脏了的时候，才能意识到眼镜的存在。

另一方面，活动身体本身也有令人心情舒畅的一面。

经过反复练习完成引体向上时，游到 25 米泳道尽头时，或是完整无误地演奏钢琴练习曲时，我们便会感受到内心深处涌现的满足，那是身心合一状态带来的独特愉悦。

基于这样的事实，我们很容易将自己的身体状况与动力联系在一起。身体健康时铆足力气，激励自己，但疲劳的时候就会暗示自己没有动力。恐怕所有人都容易以身体不适为借口，这导致精神也开始萎靡。

但爱比克泰德对这理所当然的态度提出了疑问。

疾病会造成身体的障碍，但不会妨碍意志的自由。

当然，这并不等于体育比赛中崇尚的“根性论”，即只要意志坚定，达到忘我状态就无所不能。他所说的“意志”也和“动力”有细微差别。

动力的确会由身体状态左右，但意志绝非如此。爱比克泰德所说的“意志”指自己想做什么、优先做什么、应该怎么做的判断，以及在这之后经过深思熟虑得出的结果，是构成自身人品和性格的核心部分。它本来就不受任何外力阻碍。

不可否认，伤病的确会使有些事无法完成。但不可因此连什么该做、什么不该做都无法认清。

爱比克泰德并不是劝我们无底线地忍受痛苦，而是想告诉我们，不管遇到多么艰难的事都不要忘记，自己的意志还是自由的。

如果因伤病而过度消沉，或因工作连连出错而沮丧，意志也会变得消极。越是困难的时候，越是要记起爱比克泰德的忠告。

爱比克泰德自己也在谈话录中数次称自己为“跛脚老人”，有人认为这是他晚年患上类风湿关节炎留下的后遗症。不论如何，这证明了他的训诫绝不是空中楼阁或纸上谈兵，而是基于真实生活的感悟，具有十足的说服力。

不管遇到多么艰难的事，自己的“意志”是自由的。意志是唯一由我们自由掌控之物。

遭遇难以接受的变故时，请不断把这番话说给自己听，这兴许就是你重新振作的关键。

第二部分

不要再被情绪奴役

那你说，如果主人让你害怕，你要怎么解释他的态度？
好不容易能在主人面前刷刷脸，那家伙却连招呼都不打！
这明明是表现自己的好机会啊！
可恶
……
尼乌斯，你听我说。
你的感受也是取决于你的想法。
如果想缓解自己害怕他的心情，
哼
不怕不怕……主人生来就是那副模样……
可以通过转换你的思维方式去改善。

尼乌斯，你没事吧？脸色看上去很差。
我刚刚经过主人跟前……
已经怕得不行了……
为什么要这么害怕？
因为主人很可怕啊。
他的表情，还有态度。啊——吓死人了。
啊！为什么偏偏我要受他的罪！
尼乌斯，你感到恐惧的并非主人，
而是你自己。
啊？
爱比先生你在说什么！
为什么我要怕自己？！
肯定是主人才会让我害怕呀！

导致不安的
不是事物本身，
而是对事物的看法。

导致不安的不是事物本身，而是对事物的看法。比如，死亡本身并不可怕，否则苏格拉底必不会那般坦然面对。我们真正恐惧的，是我们认为死亡可怖的看法。

所以若是受到阻碍，心烦意乱或伤心难过时，切勿责怪他人，而应该看向我们自己，责问自己对事物的看法。

——《手册》第 5 节

所有痛苦皆因“自己”而起

斯多葛派哲学认为，沉溺于不安、悲伤、愤怒这些负面情绪无法自拔，才是不幸的最大根源。不巧，我们总会受大小事影响，被负面情绪困住。

这时，我们总习惯将一切归因于外界。“都怪他”“实在是时运不济”等话语脱口而出，伴随着对人际关系和环境的种种抱怨。

但爱比克泰德从根本上推翻了这样的认知。

外界事物本身并无好坏之分，自然也不会带来痛苦。对一件事评判定性的，其实是我们的看待方式。

有种说法叫“森林恐惧”，在四下无人的森林，即便是白天也被阴暗笼罩……初次踏足的人，定觉毛骨悚然至极。

但仔细一想便知道，恐惧不过源于人的主观认知，森林并非原本就具有“恐怖”的性质。把森林当猎场的狩猎老手眼中，这不过是他们一成不变的日常。

就像城市长大的小孩连小虫都害怕一样，许多时候恐惧感仅仅是因为“不习惯”。一旦被情绪遮蔽，本身没什么危险的事物也会变得可怕。相反，“过分习惯了”以后，面对本该警戒的事物也变得迟钝，事故也就随之而来了。

爱比克泰德认为，这种被情绪遮蔽的态度根源是认知有误。因此，要想远离不安和悲伤，就要彻底反省自己看待事物的方式。

对此，他举出了“死亡”的例子。

死亡本身并不可怕，否则苏格拉底必不会那般坦然面对。我们真正恐惧的，是我们认为死亡可怖的看法。

读者们对此怎么想呢?

想必不少人会反驳，死就是人生最大的恐怖。只要头脑清醒，肯定没人笃定自己长生不死。正因如此，人们才会在乎自己的年龄和健康状态，购入保险，置办墓地，做相应的准备。

但死亡无法体验，我们只能在比喻层面上戏称自己已经死了，第一人称的死亡体验也绝不存在。濒死体验也只能说将死或距离死神很近，称不上真正的已死。

换言之，自己的死亡通常只是一种“可能性”。因此，个人年龄、健康状况、境遇、家庭关系等因素造成的心境不同，也会让我们对死亡产生不同的想法，可能是恐惧、厌恶，也可能心怀感恩。

驯服对穷追不舍的死亡的恐惧感，与我们留意自己的程度息息相关。伦理学家蒙田援引了西塞罗的观点，一语道破，“研究哲学就是为死亡做准备”。

苏格拉底 70 岁时，在雅典的陪审员法庭上被宣判死刑，但他未露半分怯色。相传，他在死刑当天还与弟子们畅谈哲学，友人克力同千方百计助其越狱也被回绝。他最终选择了饮毒自尽。

苏格拉底理解的死亡，或是失去一切知觉，度过了无梦安睡的一夜，或是灵魂从肉体释放，踏上从地上至冥界的旅程。无论哪种都不是坏事。他相信，不论是生时还是死后，善良之人都会得到神明的庇护，这绝非毫无根据的盲从。

斯多葛派的哲学家也将苏格拉底视作典范，将“坦然无惧地迎接死亡”立为自己的人生理想。

……他居然这么说我！
你不觉得很过分吗？
嗯？我倒没觉得……
而且他真的羞辱你了吗？
他不就对你胡言乱语了一番而已？
啊……这倒也是……
如果你这么想的话，还会像现在这样怒气冲冲吗？
……
听好了，扰乱我们心灵的不是发生的事，
至于你，肯定是做不到啦……
我会把你当奴隶好好豢养的
被羞辱了
胡言乱语
而是看待发生的事情的角度。

嘿，尼乌斯！
刚刚我看到个宝石商，吓了我一跳。
居然是一年前被释放的奴隶。
哦～
好像他生意做得风生水起，
日子过得都快赶上贵族了呢。
不过呢，我要是被释放了，大概也能像他那样吧。
至于你，肯定是做不到啦！
你要是没钱了随时跟我说，
我会把你当奴隶好好豢养的。
拍拍
怒
你怎么了，尼乌斯？
爱比先生，你听我讲！
泽尼姆斯竟然羞辱我！

认为自己
被羞辱了的“判断”
才是真正的羞辱。

记住，羞辱你的，并非那些打你或骂你的人本身，而是认为自己被羞辱了的判断。如果你被激怒，那其实是自己看待事物的方式在作祟。

首先，试着不要被事物的表象迷惑。一次也好，只要给自己思考的时间缓冲，就能更容易战胜自己的心魔。

——《手册》第 20 节

无意中催生负面情绪的“判断”

“愤怒”“悲伤”等情感虽源自人类自身，但其实很难由我们控制。

被熟人一句不客气的话惹得怒火中烧，久久无法平复。失恋后沉浸在悲伤中，哪怕受到鼓励也无法轻易振作。

爱比克泰德认为，这些情绪出现前，都先会有“判断”出现。

例如，同样是被骂“笨蛋”，有些情况下会生气，有时则心平气和。

提及过去失败的经历后，即使朋友调侃你是个笨蛋，也很难因此感到愤怒吧。那是因为内心在告诉你，这是对过去而非现在的评价。

这一点上，感情与发自本能的欲望有本质不同，它伴随着一定程度的理解和理性。就算有人拜托你生下气，也不可能立即动怒。但假如你突然被撞飞，你就会将其定性为不可理喻的暴行，感到愤怒无比。

只是，如果那样的行为有正当理由（例如为躲避危险而不得已撞飞别人），只要能接受对方的解释，怒气也会得以平复。

总之，负面情感是在无意识的情况下，由“判断”催生的产物。

正如上述例子呈现的那般，如果我们仅仅关注外在的行为，很容易对事态产生错误认知，从而将本可不发的怒火乱点一气。

任何行为背后都有动机，看似无礼的行为也未必出于恶意。仔细思考一番对方做出这番行动的缘由，说不定也能明白个中道理。

不如这样想想，桌上放着一张纸，观察的方向不同，所看的形状也不同。长方形的纸斜着看过去也能呈现平行四边形或梯形。也就是说，这张纸的形状因视角不同而不同，万不可不管三七二十一就将眼前的形态视作唯一的真相。

不要固守自己当下的看法，要想象其他可能存在的思维方式，多审视一番。拥有能考虑到多样视角的想象力，才能遏制愤怒，培育对他人的宽容态度。

耽于自己的情感，仇视他人，实则是无法摆脱成见，给自己种下了一粒又一粒压力的种子。

尼乌斯啊……
前些日子你是这样对泽尼姆斯说的吗？
『泽尼姆斯，你这个人真是无可救药了。』
不是……
仔细回想一下你说了什么。
这不同样能说给自己听吗？
也是……
所以，尼乌斯，
有时候，别人有问题时我们往往能做出正确的判断，
但落到自己头上就容易钻牛角尖。
你得重新想想对自己该说的话。
好的……

咦？泽尼姆斯，你怎么了？
哎，刚刚宴会上……
哦，打翻葡萄酒那件事？
泽尼姆斯，别放在心上。
谁都会失败的不是吗，
天底下哪有不犯错的人呢？
几周后——
咦？尼乌斯，你怎么了？
我真是……我这个人无可救药了……
嗯？
昨晚宴会上，我把端出去的那盘菜打翻了。

要像
安慰别人那样，
安慰自己。

我们可以借由一些不会产生争议的事实来领悟自然的意志。例如，别人家的奴隶不小心打破了杯子，我们会马上做出反应：“没事，打碎东西再寻常不过。”既然如此，你自己的杯子打碎时，也要有宛如他人之物的心态。

我们来设想一件更要紧的事。假如别人的孩子或者妻子去世了，我们都知道安慰一句“生而为人，死亡是无法避免的”。但如果是自己的亲人离世，我们都会立即哭天喊地，认为命运悲惨至极。我们有必要记住，在听闻别人家讣告时我们究竟是何种心情。

——《手册》第 26 节

像看待他人之事那般看待自己的事

听到朋友或熟人抱怨时，你是否认为，其实他们没必要那么在意?

例如，朋友说自家小孩不听话，令自己失去了为人父母的信心，整个人垂头丧气，你虽然担心，却能更冷静地分析，知道小孩的天性就是如此。

又例如，即使同事唉声叹气地说自己和客户交易失败，十分难过，你也会觉得他虽然可怜，但工作中难免有一两次失误，这很正常。

这样的例子不胜枚举。不论是多么悲惨沉痛的遭遇，只要从旁观者的视角冷静地看待，也就不那么容易被情感牵绊了。

可一旦自己成了当事人，应对方式就会突然转变。为什么事情落到自己头上，就很难想到“这本是常有的”呢?

那是因为，自己成了当事人，看待问题的视角就仿佛被冻结了一般，无法转换，只能以自己为中心看待世界。因此失去了看待事物时的冷静，愤怒、憎恶也随之而来。

面对这样的反差，爱比克泰德不禁发问，为什么不能像对待他人的不幸那样面对自己的不幸呢?

诚然，爱比克泰德的提倡在理论上可行，但一旦要求到自己头上，就不禁想反驳——怎么能把别人的事和自己的亲身经历相提并论呢?

但如果任由自己的情感发酵，视野就会变得极度狭隘。如果长期被负面情感绑架，更是会危及心理健康。

那要如何践行爱比克泰德的教导呢?

第一步就是要用看待他人之事的眼光来看待发生在自己身上的事。这样一来，情感的波动就会变小。

我们时常听到别人教训说，不要摆出一副事不关己的模样。但适时像爱比克泰德那样，反向把自己的事当作他人的事，也不失为锻炼客观看待事物能力的一种手段。

开得很美，对吧。昨天还是含苞待放呢。
那又怎样？
泽尼姆斯，我问你，只要你精心呵护这些花，它们就可以永远盛开下去吗？
嗯？那肯定不会啊。花就是会枯萎的嘛。
没错。因为我们知道这一点，就算花枯萎了，也不会悲伤到心神不宁。
泽尼姆斯，别忘了，你珍视之物在成为父母的遗物前，它原本的样子是什么。

第 11 话 “珍视之物”

喂！
差点就给我弄掉了！
弄坏了你要怎么赔？！
都冷静些！
发生什么了？
那家伙突然撞过来，
差点把我的宝贝弄掉了。
就是这个，这可是我父母的遗物。
噢，是件陶制品呢。
泽尼姆斯，你的心情我理解……
不过，你看看那些花。

面对任何珍视之物，
都不能忘记
它的本质。

记住，面对任何能为你带来乐趣的东西、有用的东西，以及你十分珍爱的东西，都不能忘记它们的本质。哪怕最微不足道的也是如此。

比如，你很喜欢某个陶罐，那就要提醒自己喜欢的是陶罐，而不是具体哪一个罐子。这样，就算它碎掉你也不会心神不宁。你亲吻妻儿时，要提醒自己只是在亲吻凡人，这样当他们离世时，你也不会心烦意乱。

——《手册》第 3 节

防患于未然的训练法

面对珍视之物，希望它能永存乃人之常情，但现实是这绝无可能。有形之物终有损毁的一天，相爱之人也迟早需要分别。

所有人都早应对此心知肚明，但即便如此，我们依然会坠入残酷的事实与徒劳的盼望之间，因丧失而感到撕心裂肺。

爱比克泰德认为如此令人痛苦的悲剧应该消除，也有办法避免。他认为悲伤不是源于世界的不公，而是人们看待事物的态度出现了扭曲。自然万事本无好坏之分，只要能正确看待事物，就能做到不以物喜，不以己悲。

但想要达到这种境界，就需要花时间练习。

为此，爱比克泰德提出了任何人都可以轻松开始的意象训练法。对象可以是身边最微小的事物。面对你喜爱的事物，有意识地对自己说："我喜欢它。"随着过程深入，你会惊奇地发现，自己意识到了事物的本质，不得不面对它随时可能损坏、消逝的残酷事实。

这种训练实在有些怪诞，恐怕没人想真正实践。说到底，恐怕也没人觉得自己的悲伤不合理。

但古希腊哲学家阿那克萨哥拉在知晓儿子死讯后说道，“我早就知道自己有了必死之子”，语气平静得出奇。

讲述这件轶事的古罗马哲学家西塞罗也说：“越是突如其来，那些坏事与不幸就越显得悲惨。所以，做好心理准备有助于减轻痛苦。我们应该时刻提醒自己，既然生而为人，无论发生何事都不足为奇。如果真的遇到意外，切勿退缩，任何时候都不抱有侥幸心理——这才是真正的大智慧。”

话虽如此，对生活在现代的我们而言，直面死亡的同时还要提醒自己没必要悲伤，实在有些强人所难，想必真打算实践思维训练的人更是寥寥无几吧。

但不论是珍视之物还是自己，所有人、事、物总有消逝的那一天。只需要想象那一瞬间，面对事物的方式就会有所不同，对此的执着也会烟消云散。反复提醒自己所有事物随时都会消失，提前做好心理建设，这不仅会让你有备无患，更能帮你更全身心地投入当下。

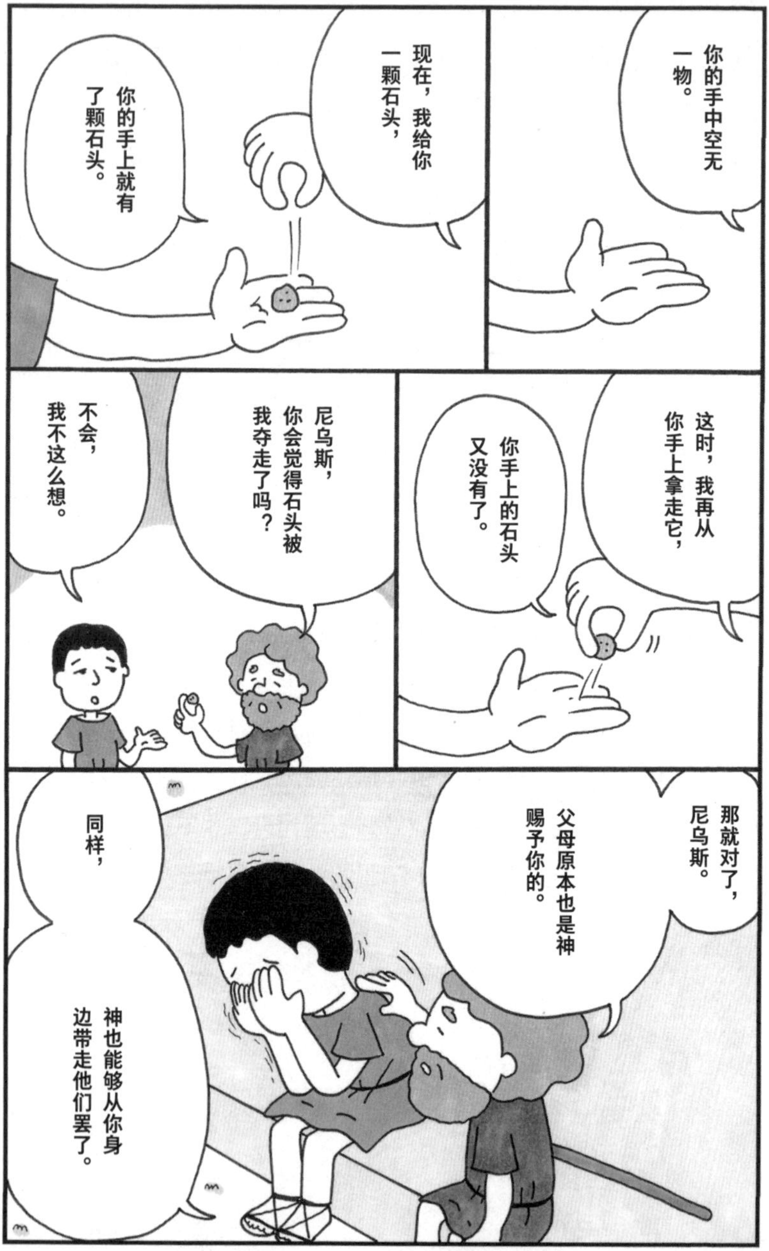
你的手中空无一物。
现在，我给你一颗石头，
你的手上就有了颗石头。
这时，我再从你手上拿走它，
你手上的石头又没有了。
尼乌斯，你会觉得石头被我夺走了吗？
不会，我不这么想。
那就对了，尼乌斯。
父母原本也是神赐予你的。
同样，
神也能够从你身边带走他们罢了。

第12话 “与父母天各一方”

不要说“我失去”，
而要说“ 我归还”。

无论发生何事，都不要说“我失去了它”，而应该说“我将它归还了”。

若你的孩子夭折，那是被送还了。

若你的妻子离世，那是被送还了。

就算你的地产被掠夺也是同样，它只是被还回去罢了。“夺走我地产的家伙可是坏人！”然而，给予一切的神要派谁来收回一切，怎是你能干涉的呢?

当你拥有时就好好珍惜，但切记那终究是他人之物，就像旅舍之于旅人一般。

——《手册》第 11 节

不是“失去”，而是“归还”

人世间的不幸总是五花八门，其中最让人痛苦的是什么?

对此，相信很多人会回答“与所爱之人死别”。

深受爱比克泰德影响的古罗马皇帝马可·奥勒留和妻子诞下数名婴儿，但大部分孩子没躲过夭折的命运，14 人中只有 6 人顺利长大成人。

随着医疗技术不断进步，当今社会的婴幼儿死亡率已大幅降低，但夭折的案例也绝不罕见。反倒是，周围发生类似事件的概率越小，对失去孩子的父母冲击就会越大。

死亡带来的悲痛和我们与故人生前的亲密程度成正比。这样一来，家人的离世——不是父母寿终正寝而是尚且年轻的妻子离世，一定是最令人悲伤的。

与我们分别的对象未必是人类。对于养宠物的人而言，最不愿面对的就是宠物的死亡。自己每天爱不释手的用品损坏也是同理，就算没有生命，它们仿佛早已成了身体的一部分，难以割舍。

人生就是由不停的相遇和离别交织而成。相遇的喜悦不一定能马上感受到，但离别的悲痛直击人心。

爱比克泰德提出了一种彻底的思维转换，帮助我们对待离别。

他认为，“我们不是失去，只是将给予我们的东西还了回去”。

那些东西又是谁给的呢?

——爱比克泰德答曰，神。

现代人或许对“神”的说法有所抵触，换成“自然”“宇宙”也未必能接受。

但不论如何，这种说法转变了对“所有物”的思维方式，从根本上有别于我们过往的观点。

从一开始，所有物也都是身外之物，随时都有可能失去。

诚然，允许土地被横抢硬夺，或是被欺诈骗取的地方绝对算不上是法治社会。这是赤裸裸的犯罪，必须加以阻止。

但另一方面，不管住在多么安心和安全的地方，人类的能力都是有限的。工具也好，小动物也罢，它们很难永远陪伴在我们身边。毕竟我们拥有的东西总有一天会失去。

但现实是，“失去”后，我们的心也仿佛丢了一块，只剩下大片的空白，很难从悲伤中再度振作起来。

这时，就要想起爱比克泰德的话，财产乃至自己的家人、生命，都不是真正属于自己的，而是“暂时借给我们的东西”。这样一来，我们对人生的看法就会焕然一新。

经受了天灾、掠夺，失去了财产与家人的义人约伯说了这样一番话：

> 我赤身出于母胎，
> 也必赤身归去。
> 赏赐的是耶和华，收回的也是耶和华；
> 耶和华的名是应当称颂的。

神不只会施舍世人实际利益，也同样会从我们手中收回。

可见，直面这样惨淡的现实，爱比克泰德的思想似乎与东西方代表性的宗教观念接轨了。

基督教将人类视作“朝圣者（旅人）”，巧的是，爱比克泰德也劝诫大家要有旅者的心态，这也是爱比克泰德受到基督教徒和佛教徒推崇的原因所在。

他是位面包师。
某天，他受我前主人邀约，生平第一次去了竞技场。
他发自内心地感到快乐。
渐渐地，他把工作抛到一边，没日没夜泡在竞技场……
尼乌斯，你觉得他得到了什么呢？
难道不是『快乐』吗？
你也这样认为对吧？
但最终，他只得到了满是尘埃的面包炉和莫大的悔恨。
你能理解吗，尼乌斯？
除了快乐，享乐也会带来其他东西。
好的……我会多加小心的。

第13话“享乐的人生就一定幸福？”

噢，晚宴终于结束了吗？
啊——累死了。
是的……大家吃吃喝喝，玩得不亦乐乎呢。
嘿！再拿点葡萄酒来！
哎——我也好想每天这样享受啊。
那么尼乌斯，
你认为『享乐』又会带来什么呢？
我想想……
不就是『快乐』吗？
仅仅如此吗？
还有其他的吗？
这样吧，
给你讲个发生在我前主人的熟人身上的故事……

远离享乐后，
你将会无比喜悦
和自豪。

当某事呈现令你快乐的表象时，也万不可大意，就像出现其他表象时一样，注意不要被它迷惑。不妨稍等片刻，多给自己一些缓冲时间。

下一步，开始想象两段时光吧。一段是你享受其中的时光，另一段是享乐之后追悔莫及、责备自己的时光。两相比较，你就能知道，远离享乐后，你将会无比喜悦和自豪。

即使眼下是享受快乐的绝佳时机，也要保持谨慎，不可轻易屈服于享乐的诱惑和魔力。仔细比较一番，你就能知道，引导你战胜诱惑的自觉是多么了不起。

——《手册》第 34 节

比起近在眼前的快乐，更要拥抱每日的辛劳

依照斯多葛学派的传统观念，爱比克泰德将不好的情感分为“恐惧”“痛苦”“欲望”“快乐”四种。他所追求的理想状态是“不被情感之流卷走，不迷失自我”（apatheia，免于激情）。

有趣的是，“快乐”也被划入了不好的情感一列。

之所以要费尽心思远离快乐，是因为享乐乃人类的天性，沉迷享乐会使自己未来的道路出现偏差。所以，带来烦恼的可不只是痛苦和恐惧。

因此，切不可因为快乐就不由分说开始享乐，而是要让自己等等，与快乐之间拉开距离以保持冷静。好比一个劲品尝美味而疏于锻炼的话，享乐一时却损害了健康。

如果将享乐当作唯一目标去追求，将来一定会背负更大的痛苦。只是我们很多人即便知道这点，也会视若无睹。

所以爱比克泰德告诫我们：选择眼前的小小艰辛，就能回避将来更大的痛苦。

俗话说：“及时行事，事半功倍”，存钱和节制的做法也都是基于这种原理。所以，禁欲地活着反而能更好地享受人生。

不懈努力，历经艰辛后达成目标的喜悦，与吃喝玩乐带来的、感官上的愉悦有着本质不同。达成目标后的成就感会孕育自信。相反，沉溺于享乐，把分内的事弃之不理只会带来无尽的悔恨。

爱比克泰德认为，比起眼前的诱惑，引导自己战胜享乐的自觉才是最了不起的。

好像总会毫无缘由地挨一顿训……
虽说如此也不可能不陪他去。
尼乌斯，你这不是做得很好嘛！
什么？
你已经考虑到各种可能发生的情况了呀。
啊，这么说的话……
就算真的发生了那些事，
你因为做好了心理准备，
也不会过度沉浸在厌恶情绪中。
这样一来，我也不用听你回来抱怨了嘛。
哈哈哈，的确如此呢。

第 14 话 “令人疲倦的工作”

哎——
接下来要陪主人去浴场啊……
那不是泽尼姆斯的工作吗？
他身体不舒服。
尼乌斯，拜托你了。
哦哦，原来如此。
哎，总觉得很心累。
为什么？
你已经不害怕主人了吧？
这倒是……
但他会做出什么我都能想到……
哼
喂，盯着点！别让人偷东西啊！！
是。
我不就为此而来吗。
喂！你好好看着的吧？！
是。
所以说压根没人偷你东西。

绝不抱怨
“这么辛苦真不值得”。

假如你有机会拜访某个有权势的人，请想象下面这个场景。

因为对方不在家，你吃了闭门羹，门啪的一声就被关紧，对方压根不把你放在眼里。

但即便如此，你也非去不可的话，咬咬牙上吧，把那些遭遇全忍到肚子里去吧！绝不抱怨“这么辛苦真不值得”。因为这是庸俗无能的人，即把万事都归咎于外部的人才会有的说辞。

——《手册》第 33 节 12—13

提前做好心理建设，大幅减少人生的“不愉快”

罗马帝国时期，元老院议员、高官、富农等社会上层人士身边，总能看到被庇护人的身影。他们或请庇护人出谋划策，或向庇护人表达需求。这一现象在当时十分普遍。

但当时不像如今可以通过电话或邮件来交接事务，花费数日赶到主人家中却发现他不在，硬着头皮干等好几天的情况比比皆是。

除了主人，被庇护人有时还需要拜访其他上层人士，而且被对方的看门人或下人欺凌。后者借身份的便宜强行索贿等行为也很常见。

这时，恐怕很多人都会感到不公，不理解凭什么自己要受到这番待遇。到了现代，我们身边类似的情况也出乎意料地多。

爱比克泰德认为，遇到这样不讲理的事时要意识到，“假如这条路是自己选的，那就得提前考虑到，自己或许会遇到许多不那么愉快的事”。不愿触及自己讨厌的事是人之常情，而爱比克泰德认为这时就需要“偏向虎山行”，做一种违背本能的意象训练。

不想做就不做当然最好不过，但很多时候也有即便不想也“不得不做”的事。

既然如此，除了忍耐别无他法。与其因对方的无礼举动愤恨不已，不如提前预想并做好准备，忍耐也就变得容易许多了。

这样一来，心中就绝不会翻涌起不满或愤怒等负面情绪，只要默默地做好自己该做的事就好。那些难以根除的痛苦情感也可以看作履行义务的必要付出。

无论是什么事，只要有“人”参与其中，就不可能永远只有开心，甚至痛苦会更胜一筹。如果被这些负面情绪绑架，很可能会陷入自暴自弃之中。

所以，提前预想可能发生的坏事成了解决问题的不二法门，把不合理事件的出现看作必然也比受气更好。如果真的遇到了，也能因为早就有所预料而平复心情。心灵上的游刃有余就是供给成长的食粮。

第三部分

在人情世故中
重获自由

如果没有了监管人会怎样呢？
我想想……
奴隶们没有纪律，工作也无法顺利进行。
也就是说，夫人有不好的一面，也有好的一面对吗？
嘴臭惹人嫌的人
不好的一面
指挥奴隶做事的人
好的一面
尼乌斯，人总容易被坏印象蒙蔽，而看不到好的一面。
明白
如果你带着偏见看待对方，认为自己被伤害，苦恼不休的终究是你自己。

爱比先生……
刚刚夫人她……
怎么了？
就买个面粉你要买到地老天荒？！
真不知道磨蹭个什么劲儿！
再怎么也不用那样讲吧……
我真的很伤心
我都不想再见到她了。
尼乌斯，夫人也算是你的『监管人』吧？
今天由你来搬葡萄酒。
是……
是这样……

认为自己受伤，
才是真正的受伤。

合适的行为是由各种场景中的相互关系衡量的。举个例子，如果某人是（你的）父亲，那么你需要照顾他，事事顺从他，被打骂也要忍受。

假如他不是个好父亲呢？注意，你无法要求他天生是个“好父亲”，你们缔结的也只不过是“父子”关系。

所以，假如你发现自己的兄弟做了对不起你的事，一定要坚守自己对待兄弟的立场。不要关注对方实际做了什么，而是要关注自身，也就是你要怎么做才能顺应自然本性。

因为只要你不想，别人就无法真正伤害你。相反，认为自己受到伤害的时候，伤害才真正开始。如果你已会熟练观察各种关系，那么无论是面对邻居、市民还是将军，你都能发现对待他们的合适行为。

——《手册》第 30 节

先入为主，烦恼不断

家庭邻里、职场学校，只要存在人际交往，就难免出现喜欢或厌恶，投缘与否等情况。

避免不了与令人厌烦的上司打交道，不得不和讨人嫌的顾客沟通，必须面对不擅长应付的前辈……这样的事恐怕也不在少数。

日常生活中，大多数烦恼和压力都源自人际关系。即便各有不同，完全没体验过这种烦恼的人应该少之又少。

例如，上司对自己的态度比对其余同事更咄咄逼人，就会猜测上司是不是讨厌自己，从而变得不愿去公司。

这些人眼里，爱比克泰德所说的“认为自己受到伤害的时候，伤害才真正开始”这句话，可能是毫无根据的建议。

但如果受到伤害后只是一味逃避，和上司之间的关系也无法得到任何改善。结果只会让自己继续烦恼。

爱比克泰德真正想表达的是，不要只根据对方片面的行为，就武断认为自己和对方一定是话不投机半句多。

请注意爱比克泰德提出的“如果你已会熟练观察各种关系”这一条件。换句话说，爱比克泰德在发问：“你是否努力舍弃先入之见，尽力理解对方以及彼此的关系？”

即便每天都打照面，我们也称不上完全了解某个人的全部。但某人某时的某个行为留下的印象，会让我们轻易做出喜欢或讨厌的判断。一旦下了讨厌或不投缘的判断，之后就很难再客观看待对方了。最终，对方好的一面我们也无法看见，关系改善也就变得困难重重了。

我们到底有多了解公司的上司和同事，还有家人与朋友呢？我们是不是太轻易地以为，每天都见面就等于了解他们的一切呢？

为了找到解开人际关系绳结的线索，请再问问自己：“他和我到底是什么关系？”暂时抛开心中对对方的成见，重新思考双方的关系，这样一来，说不定就有“断绝关系”以外的想法出现。

尼乌斯，你为什么不惜牺牲自己的意志，也要满足他人想法呢？
你为何要把原本自由的东西，推向不自由的那端呢？
尼乌斯，假设现在你眼前有两条路。
好。
你能同时走上这两条路吗？
不……不能。
现在你面前的两条路，
一条是跟随自己的意志，
另一条是配合他人想法。
那么，你会选择哪条路呢？
自己的意志
他人的想法

第16话 “不想被大家讨厌……”

嘿各位，我把晚宴剩下的葡萄酒搞来了！
一起喝啊！
好耶！
嚯！泽尼姆斯你可以啊！
尼乌斯！
你也快来啊！
啊……哦，好……
尼乌斯，你们昨晚玩到挺晚吧。
是……的……
怎么了？你看上去很没精神。
是……
因为我本来很想早点休息的……
那为什么不拒绝呢？
拒绝不了啊。
大家会觉得我不好相处，
会讨厌我的。
所以，
你想讨人喜欢，
就硬逼着自己参加了？
是的……

只要自己认定
就足够了。

如果你曾经为了取悦他人而把注意力转移到外部，那么你要知道，你已经毁掉了自己的人生计划。所以，不论出现什么情况，你只要满足于当下的事实，满足于做一位哲学家。如果你希望别人也认可你是位哲学家的话，记住，只要自己这样认定即可，这就足够了。

——《手册》第 23 节

过度追求认可，只会让我们沦为奴隶

所有人都希望自己喜欢或尊敬的人也能对自己抱有好感。化妆、穿搭始于不让自己丢脸的心态，但更进一步，为了看上去漂亮、帅气而精心打扮，就都是因为在意他人的目光了。

另一方面，喜不喜欢一个人全看自己，但能否受到别人的喜爱并非如此。要是相互喜爱倒是无可挑剔，但不一定自己多么爱对方，对方就多么爱自己。

在各种情形下产生的“想要被爱、被疼爱、成为唯一挚爱”的愿望，简而言之就是“追求认可”。

这自然是人之常情，但无法实现时，人们就会感到悲伤、挫败，想要放弃，被迫体味到人生的冷酷现实。

追求认可的欲望过剩，就容易引发一些问题。不惜一切代价想要博得他人好感，人就会沦为奴隶，自身行动的基准不知不觉就落入他人手中。

对长辈有礼貌自然不错，但很多人会对上司、老师等有权有势的人过于谄媚。无时无刻不看他人脸色行事，这正是奴隶的最大特征。隐藏自己的情感和好恶，只顾讨主人欢心而左右逢源，最终变得两面三刀、投机取巧、见风使舵，变成压抑了自我的“没有个性的人”。

从这个层面上说，也无法断言奴隶制就是古代的遗物，它依然存在于现代社会。

爱比克泰德双亲皆为奴隶，自然也生来为奴，少年时期以奴隶身份度日。所以被释放后，他自发地深入探究“何为真正的自由”。

正因如此，爱比克泰德提出，不要在意他人想法，只要自己这样想就足够。也就是说，不要过分在意他人评价而迷失自己，要掌握真正的自由。

工作也好，私人生活也罢，被人误会，或是实际情况与评判不符的情况也屡见不鲜。这时，宁愿对误会或错误的评判顺其自然，也不能顺从于讨好他人的欲望——这才是爱比克泰德口中的“哲学家”的真正本领。

因为邻居们都知道，
前一晚，他心爱的妻子过世了。
尼乌斯，人在行动前都有所想，有了想法才会有行动。
好难受……受不了了……
如果不知道他人基于什么想法才做出行动，绝不可轻易判定对方是好是坏。
尼乌斯，我再问你一遍。
你刚刚看到的那个人，真的就是不成体统的人吗？
不是的……我不知道。
他就是个睡在路旁的人罢了。

第 17 话 “路旁的醉汉”

爱比先生，我刚刚出去买东西，
路上看见了这么一个人。
喝得烂醉倒在路边，真是不成体统呢。
如果他是我主人，伺候他我都嫌丢脸。
尼乌斯，
那个人真的就那么不成体统吗？
肯定是啊。
我突然想起一件事……我以前的主人也喝得烂醉过。
看到他那副模样，经过的人都数落他真是不成体统。
你看，大家都这样。
但是邻居们却没有一个人谴责他。
啊？为什么？

不知晓他人想法时，
你又从何知道
眼前的一切是好是坏？

如果有人洗澡很迅速，千万不要说对方洗澡方式糟糕，承认对方洗澡迅速的事实即可。如果有人喝了很多酒，千万不要说对方酒品差劲，承认对方喝了很多酒即可。

因为在不知晓他人想法时，你又从何知道眼前的一切是好是坏？如果你足够慎重，那就不会在自以为把握了某一事物表象的同时，又做出赞同另一种表象的行为。

——《手册》第 45 节

谨记宽以待人

古罗马人和日本人一样，都十分钟情大浴场。首都罗马自不必说，帝国各地都有公共浴场和温泉，规模之大甚至可能超越了日本过去的钱汤（日式收费公共浴场），是非常宏大的综合休闲中心。如今，罗马市内还有卡拉卡拉浴场、图拉真浴场等冠以皇帝姓名的浴场遗迹。另外，从英国的巴斯和德国的巴登等地名中也能感到一丝浴场的风韵。

洗浴没有仪式规矩，非常私人化，所以出现个人差异是必然。有人早，有人迟，有人匆匆一泡，有人则久久不离。据记录，有人甚至能在浴场里待上一整天。

只是，匆匆洗浴就像急着剃胡子一样，稍不注意就容易洗不干净。所以在所有人共同享用的公共浴场“匆匆一泡”，极易引起爱干净人士的鄙夷。

不难想象，除此之外，让人不禁吐槽的泡澡场景还有不少。到了现代，看到他人的言行不合自己心意也容易感到不高兴。

集体公寓的居民经常会相互抱怨“那家人总是乱丢垃圾”，导致生活压力倍增。除此之外，夫妻之间容易相互抱怨“怎么都不帮忙打扫房间”“怎么都不管一下孩子”，和朋友闹别扭时也会埋怨对方“太不守时了，还放我鸽子”……这样的事例不胜枚举。看待这些事实时，我们会非常自然地将其与人品好坏直接挂钩。

但其实，仔细思索一番就能察觉到不对劲——行为的好坏又究竟是靠什么来决定的呢?

当事人抱有的想法、目的，以及行为动机才起着决定性作用。所以，我们不能只从表面看待问题，还没等正确把握其意图，就轻率地对行为的好坏定性。

的确，某人的不恰当行为会让周围的人不悦，但当即将其判定为“坏事”就真的“好”吗？爱比克泰德面对常识驻足思索，他的直白发问直击人心。

有时，行为背后可能存在难言之隐，习惯的差异或教育的缺失也会导致偏差。

总之，一定程度的“无知”会导致不恰当行为的发生，这背后存在需要我们考虑的缘由，而只要当事人愿意反思，也有改善的余地。我们必须反省生活中见到什么就立即评判的习惯，区分事实层面和价值层面的判断。关键不在于行为本身，而是行为背后的想法与动机。借用爱比克泰德的话，就是“识别当事人的想法”。

这也同样适用于我们自己的感官。

通过感觉、记忆，我们内心不断产生各种各样的印象。

房间里有点热，窗外阳光刺眼，刚刚喝的咖啡有点苦，一看时间刚好下午两点。

这样众多的“表象”，看似原原本本记录了事实，但实际并非所有都是“真相”。

例如，我们也会因为错觉、视觉差等，一不留神产生错误判断的印象。斜放入水中的木棍看起来像弯曲的，声响越大就仿佛有什么越靠越近……

像这样，我们每天都会有无意识的感觉、想象与判断。爱比克泰德重新对其进行了一番审视，并建议我们在把握事实后及时踩刹车，评判好坏时需要慎重行事。

我们要怀揣正确的认知，至少要小心慎重，不要掉进不加思考就妄加论断的陷阱。无论古今，这条建议都在帮助我们学会宽以待人，警醒我们不要卖弄自以为是的正义感。

尼乌斯啊，
你不想像泽尼姆斯那样去奉承，
却想白拿赏钱。
是不是有点太贪心了？
……
话又说回来，你不曾拥有赏钱之外的东西吗？
什么都没有过……
你在说些什么！
你明明拥有许多！
你不用对不想谄媚的人溜须拍马，
不用说自己不想说出口的奉承话。
你不是有自由的意志吗？
这样……
泽尼姆斯是拿这份自由换来的零花钱。

第 18 话 “赏钱之外的东西”

啦啦啦
当啷
当啷
泽尼姆斯那家伙又去拍主人马屁了！
还拿着这些钱在我面前炫耀！
尼乌斯，你为什么要那么生气？
因为他明明背地里说了主人不少坏话，
到主人面前就摆出一副溜须拍马的样子啊！
你也想让主人给你额外的奖赏？
那肯定想要啊。
既然如此，你也效仿泽尼姆斯，去拍主人马屁不就好了。
我才不要呢。

如果没有
他人那样的付出，
也不可要求一样的回报。

最好记住，你想得到掌控之外的事物时，如果没有他人那样的付出，也不可要求相应的回报。

……

比如，只有你没有被邀请去宴会，那是因为你没付出相应的筹码。或是听过甜言蜜语，或是承蒙了关照，举办宴会的人会依据平日的交情发出邀请。如果你认为能从中获利，只需要付出相应的代价即可。但如果不愿付出却又想讨便宜，那你实在是个贪得无厌的愚者。

但另一方面，你没赴宴就毫无收获了吗？不是的。你可以不用奉承你不想讨好的对象，也不需要容忍守门人的傲慢无礼。

——《手册》第 25 节

这个世界很公平

在公司、学校或家庭中，只要存在人际交往，就会下意识和立场相近之人比较，并由此把自己置于受害者的位置。自己是不是遭受了不合理的对待，有没有被厌恶，是否存在歧视，诸如此类。

上文引用的内容，应该是爱比克泰德对有类似经历并抱怨世界不公、不合理的人的训诫。在罗马社会，每天早上被庇护人都会去有权有势的庇护人家中问安，他们或请庇护人出谋划策，或向庇护人表达需求（参照第 14 话）。

被庇护人来到主人的家中，首先需要在玄关深处的中庭按照顺序等待，等轮到自己时再由指引奴隶带人办公室与主人见面，就像现代医院的等候区和诊室。

这时，就容易出现很多不如意的情况。比如等了很久但迟迟没轮到自己，比自己后来的人却抢先一步与主人见了面。明明同为被庇护人，受到的待遇却截然不同，实在很不公平。“他待遇怎么那么好，主人为什么要区别对待？”恐怕无论是谁都会心生不满。到了现代社会，婚礼邀请谁，伴手礼又要给谁，我们也总是会将自己的熟人分成三六九等。

面对那群满口怨气、怒其不公的学生，爱比克泰德冷静得出奇。

无论是上司还是朋友，是否收到邀请或伴手礼，都要看自己以前是如何与对方相处的。这就像是商品买卖，只不过交换的是行动或恩情。

例如，自己没收到伴手礼，却有其他人收到时，不论追随还是奉承，那个人一定平时就和送礼人保持着礼尚往来或努力自我推销的习惯。也就是说，自己没收到伴手礼是因为没有和收到礼物的人做出同等价值的行动。

即便如此却依然抱怨自己没有收到伴手礼的人，在爱比克泰德眼中就是贪得无厌的愚蠢之人，和没有花一分钱却在餐馆前抱怨没吃到东西的人一样。

有趣的还没结束，还是用伴手礼的例子，爱比克泰德继续发问："没有收到伴手礼的人难道就毫无所获吗？"不是的，他们没收礼物，也就不用讨好不想奉承的对象。

所以，以后遭受看似不公待遇的时候，想想爱比克泰德的话吧。就算真的觉得不平衡，也要意识到自己逃过了不愿承受的奉承之苦。愿你能够因此轻松几分。

尼乌斯，
他俩难道只有偷和被偷的这层关系吗？
不是的……
还有兄弟这层关系。
弟弟恐怕忘记了，对方还是自己的哥哥。
我之前也告诉过你吧？
如果总是看到不好的一面，就会永远苦于人际关系。
是……
如果是『家人』的关系就更难以逃离了。
这跟有交集的熟人不同，血缘并不是能够轻易斩断的。
偷窃的坏家伙
无可取代之人
因此，面对家庭矛盾时，更需要摆脱先入之见看待对方。

第19话 “无法剪断的关系”

咦？你怎么一脸为难呀？
哎——
话说，守门的不是一对兄弟嘛。
兄
弟
哦哦，他俩一直都亲密无间啊。
其实哥哥把弟弟的工资据为己有了。
有了这些就能自由了！
但这件事好像被弟弟知道了……
那种人根本不是我哥哥！
无法原谅！
所以他俩的关系现在很紧张。
总觉得不忍心看着他俩这样，要是我能做些什么就好了……
原来是这样。
恐怕弟弟只看到了哥哥偷窃的一面，也就是他坏的一面。
嗯？这是怎么一回事？

如果亲人做出
不义之举，
别抓住把柄不放。

所有事都存在两种把柄（看法），抓住其中一端可以前进，而抓另一端会寸步难行。

如果你的兄弟对你做出不义之举，请勿抓住把柄，纠缠不放（因为这只会令你寸步难行）。而是应该从另一端入手，提醒自己，他是你的亲人，是和你一起长大的伙伴。这样一来，你也不会那样举步维艰了。

——《手册》第 43 节

你们之间原本是何种关系?

古话说,“血缘无处剪”。配偶和朋友尚且能够选择,父母和手足就不是自己能决定的了。如果难以相处的是外人倒还好,可假若对方是自己的家人,那就太令人发愁了。

古代文学作品中,揭示血缘关系之难的不在少数。《圣经》中记载了哥哥该隐出于嫉妒杀害弟弟亚伯的过程,这被视为人类最初的谋杀案件。最古老的希腊文学中,赫西俄德也在一则训谕诗里训诫了他懒惰又蛮横的弟弟佩耳塞斯,后者在遗产继承时使用不正当手段,把属于哥哥的遗产也抢劫一空。

爱比克泰德身边,也时不时有弟子来找他倾诉与血亲的纠纷或诉讼。无论古今,不管喜欢还是厌恶,既然生为一家人就很难做到真的老死不相往来,着实令人头疼不已。时至今日,血亲引发的大小事也是媒体杂志上“烦恼咨询”一类专栏的常驻嘉宾。

对此,爱比克泰德用“两种把柄”来解释这个问题。菜刀、匕首一类的刀具都是由柄和刃两个部分组成,铅笔、钢笔等文具,棒球棒、网球拍等器具也是如此,其中一端必定可以握住，另一端则不是拿来握的。处理亲人、朋友和同事间的人际关系也是同样，需要学习如何正确把握。如果我们总超越这层关系（握法），向对方提出过多的要求，彼此就成了握住刀刃式的异常关系了。

那应该如何是好呢？我们需要重新意识到，双方本来应该是何种关系，相互之间最基本的那层关系（握法）是什么。

爱比克泰德认为，双方的关系立场是划定“恰当行为”的依据。不论对方性格如何，我们可以通过关系中的角色来划定如何对待对方。对方作为父亲，我们该做什么，作为孩子或妻子，我们又该做些什么。只要想到这一点，僵住的关系也会有所缓解。

也就是说，不要只从当下出发看待人际关系，而要考虑到义务、情谊、感恩等，把各方面结合在一起看待。这样一来，说不定就可以跳出全面否定的情绪，以完全不同的态度和亲人相处了。

你可能会问：“难道这样就能解决问题了吗？”但一直抓着当下的坏印象不放，以前的好印象也会在脑海中逐渐消散。既然如此，握住另一边的把柄一定也能有效防止情感的过度宣泄。

其实，原文的“前进”（foréas）也可以解读为“忍耐”，这说不定是爱比克泰德有意为之，越是面对无法剪断的血缘，越要小心急火攻心时的冲动。

只要发生了意愿之外的事，人们就容易立刻认定它是不好的。
啊——原来休假是这么美好的事啊！
要是没当初那件事我都意识不到呢！
但事后，原来的想法也可能发生改变。
尼乌斯，你只需要记住，
事实就是事实。
不要立刻被感情牵绊，只关注事实本身就好。
这样一来，既不会一直谴责他人，也不会过度责备自己，对吧？
是的！

第 20 话 “都怪那家伙！”

整整一周无休也太遭罪了……
就是！
都怪那家伙！
我不太舒服就先溜啦！
那家伙
居然还要连坐！
气死了！
尼乌斯，你说了『遭罪』对吧，
那你也认为是他的错吗？
是啊！
啊……
不是……
问题在我。
是我把它想成痛苦的事了。
没错……
但注意，也不要轻易责备自己。

不谴责他人，
不责备自己，
方为有教养之人。

遭遇不幸时，没有教养的人会谴责他人，刚开始培育教养的人会责备自己。既不谴责他人，也不责备自己，方为有教养之人。

——《手册》第 5 节 b

谴责他人是最幼稚的行为

遭遇事故、失败等始料未及的不幸时，人们往往会把责任推卸给他人。“毕业论文没写好都是教授指导无方！”“这次生意没做成都怪领导！”对自己的责任视而不见，反倒悉数推卸到他人身上。这类行为十分幼稚，但某种意义上也是人类共通的心理。

当然，很多情况下我们需要追究责任，需要查明原因。发生医疗事故或发现官员不作为时，为了伸张正义，拒绝忍气吞声而选择揭发的情况也绝不少见。阅读《哲学谈话录》的时候，爱比克泰德也抛出了类似事例，并让学生讨论该如何对待。

书中写到“没有教养的人会谴责他人”“刚开始培育教养的人会责备自己”“有教养的人既不谴责他人也不责备自己”的这三种态度，是爱比克泰德通过教学实践得出来的，是展示知性与道德发展进程的指标。

他认为，一件事是幸福还是不幸，不取决于客观事实，而在于自己如何看待。人们几乎都会无意中妄加评判，但冷静下来后就会发觉，那不是能简单评价谁对谁错的事，甚至有可能发现是自己做得不好。

学习哲学后意识到自己也会犯错——这和把罪名随意安在别人身上的野蛮态度相比，至少道德层面上有了十足的进步。有趣的是，爱比克泰德认为这不过是入门的阶段，即刚开始培育教养的人，因为责备自己说明还不够成熟。

爱比克泰德认为，“责备自己”和真正的“反省”是似是而非的关系。就算发生了所谓“不幸”，也不过是事物的其中一面，或许还存在着其他方面。随着时间流逝，失败或不幸反而会被赋予新的意义，反之亦然。

不论如何，不论是对他人还是自己，盲目指责只会妨碍正确的认知。正因如此，即便是当事人也要冷静看向事实，若是能轻易达到“不谴责他人也不责备自己”的豁达境界，那也就实现了爱比克泰德的教学目标。

但这不代表“有教养之人”就要给自己的不幸贴上“不怪罪他人的标签”，从而模糊了责任所在。过于放纵自己也会扰乱对事实的认知。先把情绪放在一边，接受事实本身，不以物喜，不以己悲。爱比克泰德所说的“不谴责他人也不责备自己”，就是帮助你达到此等境界的第一步。

第四部分

真正成长，好好生活

尼乌斯呀——
人类普遍很难注意到自己的傲慢和偏见。
傲慢
偏见
先入之见
它们会让我们失去对世间万物的正确认知。
我和别人的层次不一样，哼哼。
傲慢
贵族都是些惹人厌的家伙。
没有学识的人就是废物。
偏见
先入之见
这样看来，你真的在践行自己的过去所学吗？
要时刻警醒自己，杜绝这些想法，为此，就要以自然的状态注视自己的内心。
这才是真正意义上的进步。
原来如此……看来我还有很多要学的。

第21话：“真正的进步”

爱比先生，我比遇见您之前要进步了一些呢。
哦？
传染病还有灾害……
我已经不会再想着避开自己避不了的事物了。
也认识到他人的意志属于他人，
不会过度向他人要求什么。
内心烦乱时，也知道原因在于自身，
不会胡乱指责他人……
您看，我进步了对吧？
噢——确实有所成长呢。
但尼乌斯，你要注意，
才到这一步就开始骄躁的话，就前功尽弃了。
唔……

要像埋伏着的
敌人那样
时刻监视自己。

进步者的标志是，不责备也不赞美，不批判也不问罪。绝不夸耀自己的学识和才干，被人妨碍时，也只是责备自己（而非他人）。

如果有人夸奖他，他会在心里笑话夸奖他的人；如果他受到了指责，也绝不为自己辩护。他就像大病初愈的病患，在彻底康复前小心翼翼地行动，避免牵动正在恢复的部位。

他将一切欲望从身上摘除，只避开“掌控之内的事物”中不合乎自然的部分。任何事在他眼中都不是“非黑即白”。即便被嘲笑愚蠢无知，也毫不动摇。一言以蔽之，他就像埋伏着的敌人那样，时刻监视着自己。

——《手册》第 48 节

“自我欺骗”是负面情绪的根源

怎样才能不掉入“自我欺骗”的陷阱呢?

爱比克泰德的哲学正是在讨论这个问题。

“自我欺骗”在辞典中解释为“自己骗过自己的内心，做出违背真心的举动”。

简单来说，“自我欺骗”也能理解成“做出对自己有利的解释”。无论是谁，内心都藏有追寻认同的渴望，无意识间，自我肯定的想法就会冒出来作祟。因此，好的评价自然是开心接受，不好的评价就会选择无视，最终导致目光狭隘，“只看到自己想看的”。这就是自我欺骗。所以比起对他人的评价，对自我的评价往往更为宽松。

为什么爱比克泰德告诫我们切不可自我欺骗呢?

那是因为，自我欺骗就是负面情绪的根源。

“做出对自己有利的解释”，是不顾先入之见和偏见也要死死抱住错误认知。在这种状态下，爱比克泰德哲学理念的核心，即“掌控之内”和“掌控之外”的事物，就很难被正确分辨。沉浸在自我欺骗的假象中，就像自行踏入泥沼，最终只会被各种负面情绪吞噬。

怎样才能避免陷入自我欺骗的陷阱呢?

爱比克泰德给出了或许会令人错愕的意见，即要“像埋伏着的敌人那样，时刻监视着自己”。它的核心在于，为了不陷入自我欺骗的陷阱，擦亮眼睛看清的对象应当是自己。

例如，我们在平时生活中都会对自己和他人做出评价。一边看着报纸一边贬低别人，或者和要好的伙伴聚在一起说着别人的闲话。面对自己，恐怕也会下意识地心生评价，诸如“这一季度业绩不错，上司应该会表扬我吧”一类想法。

不由分说就全部禁止这些习惯也有些不现实，但至少要学会意识到评价的依据，并反省自己的评价有没有先入为主或带着偏见。能意识到这一点，也算是迈出成长的第一步了。

事实是，我们在日常生活中太缺乏反省自己偏见和缺陷的意识了。越是身处当今的信息洪流中，爱比克泰德的训诫越是展现了其真正的价值。

人人都想炫耀地位、名誉、财产，或是展露自己的体魄与容貌。
嘿！我很强壮吧！
我引以为傲的肌肉啊……
但尼乌斯，你觉得那些事物算『真正属于自己』的东西吗？
你也时常反思心中所想并做出判断吧。
这是我掌控之内的事物吗，
还是我掌控之外的呢？
这种意志才是自己唯一可以掌控的事物，才是真正属于自己的东西。
那么尼乌斯，我再问你一次。你有值得骄傲的东西吗？
有！我当然有。

第22话“值得骄傲的和不可炫耀的”

尼乌斯！
老爷子！
看！
厉害吧！
主人给我的，可贵了呢！
很漂亮吧！
泽尼姆斯可真厉害啊，
我都拿不出什么让自己骄傲的东西。
你在说什么呢，尼乌斯。
你不是有许多值得骄傲的东西吗？
有吗？
你想想，前段时间不是还一脸自豪地跑来，
告诉我说『进步了一些』吗？
啊啊，确实。
尼乌斯，真正属于自己的东西才值得骄傲。
否则就算拿来炫耀，也没有任何意义。

不要为
任何身外之物骄傲。

不要为任何身外之物骄傲，因为那好处并不属于自己。一匹马炫耀自己的英姿尚且说得过去，但如果你炫耀自己有一匹美丽的马，那只不过是假借马的优势逞威风罢了。

什么才是真正属于你的长处呢？答案是“善用表象”。那就是正确运用表象的能力。如果你在运用表象时能做到遵从自然本性，那你便可为此自豪，因为你是在为自身的长处喝彩。

——《手册》第 6 节

为年收入和财产沾沾自喜？可别误会了！

我们很容易因“身外之物”骄傲自满。

日本的泡沫经济时期，年轻男性认为驾驶一辆威风气派的车是受异性欢迎的必要条件。但很明显，气派的是车，不是人。

回到爱比克泰德的时代，马就是车。马是那时跑得最快的工具，就如同现代人的车。所以如果有一匹毛色出众的马，那别提多令人高兴了，主人一定动不动就想牵出去炫耀一番。这样的心理，古今一辙。

所以爱比克泰德提醒我们，“如果你炫耀自己有匹漂亮的马，那只不过是假借它的优势逞威风罢了”。也就是说，真正漂亮的是马，不是拥有它的自己。

不仅是坐骑，在市中心寸土寸金的地段购置了豪宅、身着名牌衣服、挎着名牌包包、有漂亮的妻子和出息的儿女——我们容易误以为，地位或资产这些美好事物仿佛决定了拥有者的价值。

所以我们相信，自己拥有的财产越多，幸福指数就能越高。人们看待关乎财产的年收入时，也不在乎工种职业如何，数字才是硬道理。

爱比克泰德对这样的社会常识再次提出了异议。不管我们的所有物多有价值，这都不是我们自身的优势。

什么才是我们真正拥有的优势呢？那必须是我们自身无法分割的一部分，是不可能丧失的、构成我们自身宇宙的一部分。

如果优势不是自己的所有物，那会是家世、学历、容貌、健康这些要素，或是声誉、功勋、家人朋友、知识经验、人性道德这些条件吗？

爱比克泰德的回答超越了这些构成人类的诸多方面，最终汇聚到了一点，即“正确运用表象的能力”。

所谓“运用表象的能力”，就是判断自己的想法或意识是否恰当，即前文阐释的“不要陷入自我欺骗”。

自己的想法是否出现了偏见或先入为主的成见？有没有合理控制自己的欲望？这些内心活动才是我们掌控之内的，唯一能够触摸到的终点。

总是沾沾自喜或骄傲自满的人，大多数不过是为身外之物扬扬得意。真正值得自豪的，只能是正确运用表象的自己。

因为……我也想多留些时间与自己的内心对话。
其实我在遇到爱比先生之前，心里总是很沉重。
动不动就消沉不安……
但将目光转向自己内心后，我反而逐渐轻松起来。
没必要的烦恼也减轻了不少。
这又不关我的事！
我想要一直，
感受这份由衷的喜悦。
啊——爱比先生很佩服我吧……咦？
呼—
呼—
戳~戳~

第23话 “将目光转向自己内心后”

一切重心都应落到
自己的内心。

如果一个人在身体有关的事上耗费过多时间，说明他缺乏才能。长时间运动、吃喝，或频繁排泄、交合，都是不可取的。那些事只是顺手而为，一切重心都应落到自己的内心（的想法）。

——《手册》第 41 节

切勿长时间沉溺享乐，多多审视我们的内心

美食与交欢，是人类与其他动物共通的最基本的欲望，同时也是享乐的根源。

将这种享乐奉为幸福生活本质的“享乐主义”几乎广泛存在于所有文化圈，是一种质朴而有力的思想。但极力反对享乐主义的论调也是根深蒂固，持这样观点的人认为，享乐主义没有内涵或品格，而是认为只要快乐便万事大吉，可世间万物根本没那么简单。

首先，一味享用美食会生病。同理，一味追求快乐的话，最终也会引苦上身。这就是享乐主义的悖论。

再者，初尝美味至极的酒，喝多了也会感慨不过如此。不论是什么样的快乐或美味，它都具有时效性。

因此，如果对新鲜事物的追求走火入魔的话，饮食之趣就会从山珍海味走向珍奇野味，男女性事也变得恶俗猎奇。这样的事例古今东西数不胜数。

古希腊、古罗马时期的伊壁鸠鲁学派虽然被后世称为“享乐主义者”，但其实与我们的通常认知相反，他们滴

酒不沾，只喝清水，吃面包时也不抹黄油，过着朴素的日子，向往“隐居生活”。

这是因为他们畏惧，失去原本充裕的快乐以后，所有情绪就会一下转换成痛苦。好比从空调房里走到炎热的户外时，那种难受是不言而喻的；过惯了奢靡的生活，嘴巴也会变得挑剔，一般的菜肴完全入不了口。

所以与其主动追求快乐，不如趋避多余的痛苦，这样一来，就能度过愉快舒适的一生。伊壁鸠鲁学派的享乐主义，或许称作“无痛苦主义”更为贴切，得通过极其谨慎且朴素的生活才能实现。

与之相对，斯多葛学派是崇尚“禁欲主义”的代表。

但这不意味着爱比克泰德否定一切快乐，仇视一切快乐。他只是认为：可以体验，但切勿长时间耽于享乐。

玩游戏、听音乐等活动可以孕育快乐，快乐又会促使活动更加熟练，人的全身心都会集中于此。所以就有前人所言，“兴趣是最好的老师”。

即使把喜欢的事暂时放在一边，它也依然会占据你大部分时间，还会越来越熟练。无论是谁，只要着手去做自己喜欢或享受的事就一定会沉浸其中，很难中途放弃。

肉身的享乐也是同样，一不注意就会美酒珍馐一杯接一杯，一口接一口……

有趣的是，爱比克泰德把锻炼身体也视作一种享乐。就如同“跑步者高潮”那样，即使是伴随着些许痛苦的运动也能让人兴奋，一不小心就会锻炼过度。本应如同“良药”一般的健康行为反而会造成危害。

如何处理自己身体上的享乐是通往幸福生活的关键。

爱比克泰德认为，肉身的享乐会迷惑我们的合理判断，这才是问题所在。因此，他劝诫我们，这种享乐需要尽快结束，留下尽可能多的时间审视自己的内心。

很多时候，我们几乎不会反省自己日常的行为，自己的判断究竟是否正确、自己究竟想要什么、这份欲望是否恰当，我们都不会在意，无条件地就把自己交给了欲望。

如今，走在人群中也随时盯着手机的人就像被吸干了灵魂一样。这种方便的设备十分普及，但鲜有人能够清醒地适度使用，动辄为虚拟、匿名的人际关系烦恼不已，为无关紧要的信息迷乱不已。人手一台能长时间享受眼前快乐的工具，反而给现代人增添了新的烦恼。

需要我们仔细思考爱比克泰德劝诫的时刻已经来临。

如果你也想像他一样，被大家认为知识渊博，
你就必须时常关注外界，获取更多知识。
没错……
但你跟我说你想进步。
是的……
既然如此，你的目光必须时刻朝向自己内心。
啊……
×
知识
○
内心的成长才是人类真正的成长。
可不能忘记这点。

第24话 “知识渊博的泽尼姆斯”

泽尼姆斯，你太厉害了。
真就没有你不知道的！
还有很多呢！
最近城中有种很流行的食物哦……
噢——
尼乌斯。
干吗？
你是不是在这样想啊？
啥？
『哎——所有人都崇拜泽尼姆斯，觉得他无所不知，真好啊……』之类的。
僵住

被人指出
愚蠢之处时，
也要心甘情愿接受。

如果你想要进步，那在被人指出愚蠢之处时，也要心甘情愿接受。不要妄想你在别人的心中是无所不知的。即使别人说你是个人物，自己也不可轻信。

那是因为，保持自身意志顺应自然本性的同时，还要关注外在的事物是十分困难的。当你只专注二者之一时，另一方必定会被忽略。

——《手册》第 13 节

想被看作聪明人的欲望使人盲目

爱比克泰德的《手册》当中，“进步”这一表达反复出现。这是他的办学目标，象征着一个人在智慧、道德层面的成熟。这一段话，原本是他为入学新生所写的训诫。

即便如此，这所学校依然不可思议。一般学校中，不管科目如何，只要学生掌握了各种各样的知识就等同于变聪明了。与此同时，还必须向周围展示自己的成果。参加考试后由老师评分，达到一定标准即为合格，获取学分。最后达到要求学分，满足各方面条件后便可毕业或结业。

但在爱比克泰德的学校，先不管学习的内容，他从一开始就否定了“只要最后的成绩足够好，就算学识渊博”的做法。

在他眼中，大众表彰成绩优异者的行为恐怕也荒谬至极。更准确来说，不仅是被人们认为学识渊博很愚蠢，连想被当作聪明人的欲望也是动机不纯的，应当舍弃。

俗话说“大智若愚”，如果真的想拥有大智慧，那被人看成是傻瓜也无妨，没必要在意。爱比克泰德认为，想要被人看作聪明人的欲望反而会使人盲目。

在现代社会，想要了解大事小事就要关注新闻，电影和电视剧需要悉数收看，时尚和美食界的动向也需要随时把握。

但是，像这样越是想什么都知道，越是没办法仔细思考每则新闻或事件了。

诚然，获取信息有助于我们做出最终判断，但是也有类似错觉或幻听这类情况，表面如此实则并非如此。为了不被事物的外表欺骗，我们需要保持慎重，先怀疑，仔细思索一番后再做出判断。如果只是沉醉于外界诸事，就会疏于自省，最后，也无法做出合理判断了。

我们真正的成长不是仅靠增长知识就能实现的，而是要通过不断自省达成。请各位务必将爱比克泰德的忠告牢记于心。

从前，一座森林里有只袭击人的野兽。
有一天，一位男子碰见了那只野兽。
他怕得浑身发抖，
但还是鼓起勇气反抗，
最后，野兽夹着尾巴逃走了。
他在那时才意识到，
自己心中居然蕴藏着足以与野兽抗衡的巨大勇气。
你说，如果他没有这番遭遇，还会注意到这件事吗？
困难可是助你重新认识自己能力的机会哦。

第 25 话 “终于等到了释放的消息！”

终于也轮到我了……
你们俩，再过一周就可以离开了。
你们被释放了。
啊……
哎——
尼乌斯，听说你的释放日已经决定了。
嗯？你怎么了？
其实我还没做好被释放的心理准备……
突然把我丢到社会上，说实在的，我很慌……
完全不知道如何是好。
尼乌斯，我给你讲个故事吧。

挖掘潜力，
突破困境。

在你遇到任何事的时候，都要问问自己，拥有怎样的能力来突破困境。

看见俊男靓女时，你可以发掘出自己的自制力。遭受苦役时，你可以发掘出自己的忍耐力。被辱骂时，你可以发掘出自己的承受力。如果你将这些化为习惯，就不会被表象迷惑了。

——《手册》第 10 节

困难才会促人成长

爱比克泰德的很多话语都是针对那些饱经困苦、忍辱负重的人，是教导也是激励，会唤起同样处境的人们的共鸣。这也是他深受欢迎的理由。

与此同时，这些话语也印证了他在前半生作为“奴隶”生存的经验。正是这番境遇导向了他始终追寻的目标——身为奴隶，如何才能获得真正的自由。

即便是奴隶制早已废除的现代，需要直面困难的情形也不在少数。新入职的员工需要不断适应新的任务，管理层更是每天都面临无数重要决策，打短工碰上胡乱差使人的老板更是困难重重。

曾为奴隶的爱比克泰德认为，被迫应对艰难任务的时候，才是发掘自己忍耐力的绝佳机会。

但不要误解，这不是教我们一味忍让不合理的行为，单方面被压迫。那只会把我们培养成卑躬屈膝的软弱之人。他所说的“忍耐力”，是不被一时的感情冲昏头脑，冷静面对眼前状况的理性力量。

无论是学习还是工作，几乎都很难有一帆风顺的时候。长久下来，就会像遇到瓶颈的运动员那样停滞不前。

但如果任由情感摆布，问题就永远得不到解决。我们应该在认清并接受眼前的困难后，思考自己还能做些什么。这就是挖掘潜在能力以应对困难的过程。

虽说如此，这样的思维切换并非一朝一夕就能做到。所以，爱比克泰德指出了“习惯”的重要性。

“冷静面对眼前状况”说起来简单，但对于易受情绪影响的人而言十分困难。因此，我们可以从每一天出发，养成从第三方视角观察自己的习惯。

“刚才有点不稳重了，再来一次”，像这样坚持每天反复自我修正，一定能在将来成为你打破僵局的力量。

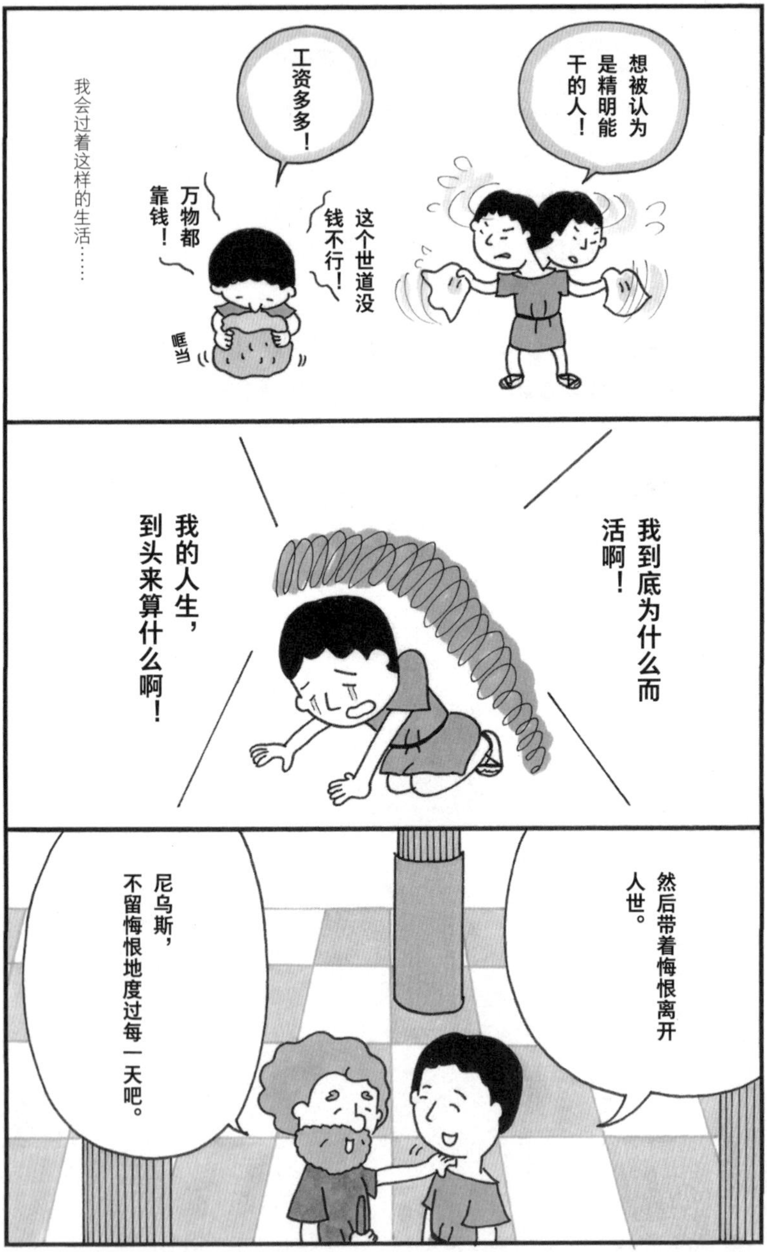

想被认为是精明能干的人！
工资多多！
这个世道没钱不行！
万物都靠钱！
哐当
我会过着这样的生活……
我到底为什么而活啊！
我的人生，到头来算什么啊！
然后带着悔恨离开人世。
尼乌斯，不留悔恨地度过每一天吧。

第26话 “假如即将离开人世”

每天都将
一切看似可怕的事情
置于眼前。

每天都将死亡、流放等一切看似可怕的事情置于眼前，尤其要直面死亡。这样一来，你既不会想卑劣低贱之事，也不会有所贪图。

——《手册》第 21 节

将“死亡”置于眼前

有一名言，“勿忘你终有一死”。罗马时代的文人们有在书桌上装饰骷髅的习惯，有不少画作描绘了这番景象。这是一种警示：即使不愿面对，但终有一日自己也会如此。所以，他们会把这个可怖的东西放在眼前，每天注视着它。

死亡，是所有人的最终归宿，无论如何都无法避免。我们也很难确切知晓死期。既然生而为人，没有人能把“死”划定为“掌控之内”的事物。

在古代埃及和中国，长生不老是王侯将相始终追求的遥不可及的梦，可时至今日，依然无人能实现。即便现在的医疗技术已经有了相当的进步，但也只是将死期延后罢了。

说到底，我们在畅想超越死亡以前，甚至无法体验自己的死亡。与之相对，我们也无法体验自己出生的那一瞬间。我们的出生年月也不是自己直接记住的，而是他人（父母或医院员工）告知的。

用电影打比方的话，就像开场后过了一段时间才姗姗来迟，结束前又匆匆离去那样。明明是自己的一生，却无从知晓故事的开端和结局。

所以，我们通过生养小孩推测自己出生时的场面，通过看护父母想象自己临终时的模样。可以说，我们是通过关系亲近的他人不断学习自己的生与死。

死亡无法体验，它更像是只能感觉到可能性的抽象概念。正因如此，伊壁鸠鲁学派的哲学家声称："死亡绝不可怕，因为我们活着的时候死亡尚未到来，死后我们本身便也不复存在。"

自身的死亡不过是一种可能性，这就意味着死亡不过是存在于想象中的对象。

因此，怎么理解和看待死亡，取决于自己当前的实际情况。死亡可以变得可怕，也可以是让我们安息或憧憬的对象。

所以，虽然死亡无法控制，但我们至少可以决定自己看待死亡的态度。

爱比克泰德的重点是，总有一天我们必然迎来死亡，想到这点，也就没有必要受无所谓的欲望摆布了。执着于地位、名誉或财产而白白浪费人生，实在是得不偿失。

什么是真正的幸福?

什么才是要终其一生达成的信念?

将死亡置于眼前，真正重要的事就会逐渐清晰。

看上去理所当然，但又有多少人能真正意识到呢?

只是，如此看待死亡的态度并非能立刻养成。

毕竟，所有人都会在无意识间把自己不愿意面对的事压在心底。正因如此，爱比克泰德教导我们，平时就要养成习惯去思考死亡这类可怕的事。

或许也有人会在意识到死亡后自暴自弃，觉得反正都会死，不如就纵情享乐。

即便如此，有如日本战殁学生手记《听，海神的声音》（1949 年）或战后知名电影作品《生之欲》（1952 年）表现的那样，因为对自己的死亡产生强烈的感知，而察觉了自己的使命，让内心觉醒，不断询问自己生存的意义。这样的事例也不胜枚举。

如果要问哪种方式才是幸福生活之道，相信大多数人都会坚定选择后者。

你想：
我们生在什么样的国度，拥有怎样的身体，父母、兄弟姐妹是何人，
身处何种环境与立场，
这不都是由神说了算吗？
但是神的职责也就到此为止，
接下来就看我们的造化了。
如何在神赐予我们的场所生存下去，
这就是我们自己需要思考的内容了。
我明白了。
尼乌斯，给神明看看吧，
我们顽强生存的模样。
那是当然！
再见了，爱比先生。
以及……
谢谢您。

喂——
我们走吧！
再等一下！
爱比先生，今天就是正式分别了……
是啊。
想来，要是主人没有买回我，爱比先生的前主人没有卖掉您，
我的主人也没有买回您的话……
也就没有和爱比先生的相遇了呢。
是吗……
尼乌斯，你站在此处也好，我身在此处也罢，
这都是神的安排啊。
啊……

记住，
你永远是
生活这出戏的演员。

记住，你永远是生活这出戏的演员，出场时间或长或短也全看编剧意愿。如果给了你乞丐的剧本，就演好自己的角色；给你跛脚者、官员，或是平民百姓的角色时也是同理。你的本分就是演好分到的角色，至于角色怎么分配，则是别人的工作。

——《手册》第 17 节

如果你错估自己的能力，非要把重要角色揽到自己身上，那你只会因无法胜任新角色而颜面尽失，本来能够演好的角色也弃你而去了。

——《手册》第 37 节

当不了主角也要竭尽全力生存下去

古希腊、古罗马的古典戏剧中，圆形的舞台上会出现由 12 到 15 个人组成的歌舞队，分成两队轮番唱歌跳舞。这期间，戴着面具、穿着高底鞋的三位演员会向着观众席念出台词。因为有合唱部分，所以戏剧的形式也更贴近于歌剧或音乐剧。且有规定，最多只能有三位演员同时上场，如果碰上登场人物众多的情况，其中一人必须每换一个场景就换一副面具出场，代表饰演不同的人物。这在当时是极其普遍的。

重新思考一下就会发现，实际生活当中，我们在自身独立人格之外，也善于随机应变，扮演着不同的角色。在公司或学校时，我们要负责自己的角色在组织中对应的工作；回到家中，扮演父母、妻子或丈夫、儿子或女儿；节假日和有着共同兴趣的好友在一起时，又会展现出平日里难得一见的姿态。

服装搭配也需要看场合，时而是学生校服，时而是西装领带，时而休闲，时而正式。也就是说，不管你有没有意识到，服装会向周遭呈现我们的状态，这么看来和舞台装束也相差无几。

所以，爱比克泰德直截了当地下了结论：“你就是剧中的演员。”

但不能人人都是主角。爱比克泰德认为，我们分到的角色也有可能是配角，即便如此，也要心怀感激地接受，并在正确理解导演的创作意图后，做到每次都能完美地演出角色应有的模样。这是重中之重。

不惜排挤别人也要当主角，对分派给自己的角色心怀不满，这都是不正确的。我们应该用心理解当前的状况，弄清自己应该是什么样的角色，对自己有怎样的期望。爱比克泰德虽然腿脚不便，但他把自己的缺陷也视作这个角色应该演好的一环。可以说这很消极，但也是一种惊煞旁人的乐观。

我们不一定能成为理想中的自己。出生地、遗传以及父母的其他影响、环境、文化等，各种因素交织后构成了如今的自己。

无视舞台背景随意表演的话，被人嘲笑蹩脚也在所难免。同样，无视自己身处的境遇莽撞行动的话，必然也会出现不合理的情形。

但显然，演员的一举一动不可能一五一十按照剧本表现，尤其是他们的内心，没有受到任何束缚。

在人生这个具有一定限制的舞台上，我们一定要思考自己可以改变什么、不得不接受什么。正确把握这些事物的边界，才是真正意义上的活出自己。

尾声

爱比先生在我被释放后，似乎有了新的职位。
你的监督工作就做到今天为止吧！
他似乎和主人聊了些什么。
我能稍微
讲两句吗？
主人您一直很焦虑，担心奴隶们偷懒。
可您一直这样的话，
不就反倒成了被奴隶控制的奴隶吗？
你，你说什么？！啊……但确实有道理。
于是，爱比先生就成了主人的顾问。
我能成为执政官吗？
那是由神明决定的事。
也很有爱比先生的作风呢。
哈哈哈

我被释放后已经过了一年。
泽尼姆斯借了主人府邸的一个角落做起了生意。
我这可是上好的橄榄油——
他的生意似乎做得风生水起。
赚翻啦！
赚翻啦！
现在还会跟随主人去谈公事。
主人甚至还会奖励他，招待他参加宴会。
泽尼姆斯确实说到做到了。
呵呵呵

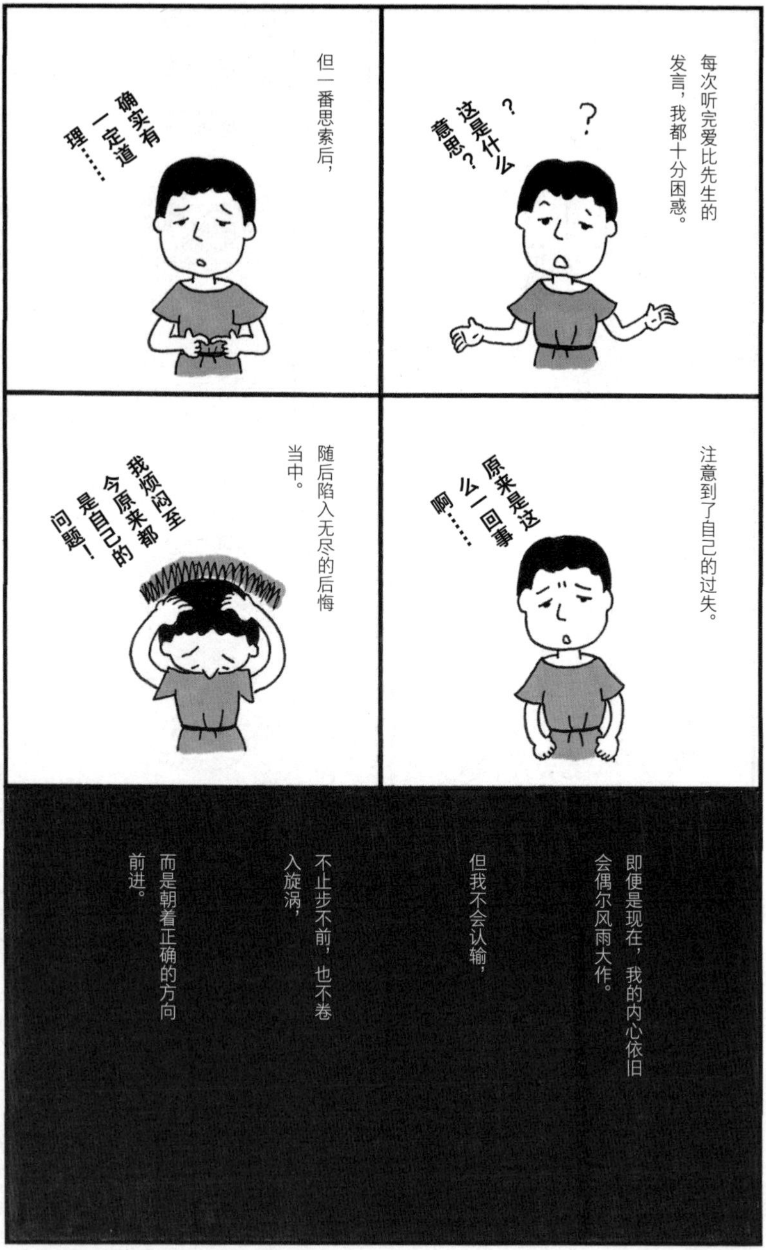
每次听完爱比先生的发言，我都十分困惑。
这是什么意思？？
但一番思索后，
确实有一定道理……
注意到了自己的过失。
原来是这么一回事啊……
随后陷入无尽的后悔当中。
我烦闷至今原来都是自己的问题！
即便是现在，我的内心依旧会偶尔风雨大作。
但我不会认输，
不止步不前，也不卷入旋涡，
而是朝着正确的方向前进。

而我，目前住在集体公寓的最高层。
狭窄，有安全隐患
房租便宜
在主人的庇护下，勉强维持着生活。
庇护人
伺候、侍奉
经济援助
被庇护人
所以，我每天早上依然要去主人府邸问候。
排队
排队
回去路上，偶尔会瞥见爱比先生的身影。
爱比先生教授了我许多——
我会为自己掌控之内的事拼尽全力，
掌控之外的事就随它去吧。

fin.

如何思考，如何生存——
好，我们开始上课吧。
尼乌斯老师
您今天讲什么呢？
都是由自己掌控的。
我现在——
你们虽身为奴隶，
但也是自由的哦。
好好过着属于自己的人生。
啊？
为什么啊？

结语

从20世纪80年代开始，大众对斯多葛派学说的热情逐渐升温，近年来在英语文化圈中，除了深人的研究著作外，面向一般大众的精美入门书也层出不穷，有些还被引进到日本。

随着少子化、高龄化加剧，通信技术快速发展，在全球化的浪潮下，日本乃至全世界都日新月异。如此不断成熟的社会中，“应该如何活着”成了难以避免的问题。

爱比克泰德的语录中，无处不显露着对这个问题的宝贵提示与洞见。它们不是仅能拓宽常识的通俗人生箴言，而是令人意外的悖论。

受到时代之限，这些语录中或许有许多现代人难以理解的事例。本书为它们配上漫画和简洁的讲解，相信可以加深读者的理解。如果遇到有疑问甚至反感的语句，也可以先结合自身生活仔细思索一番，说不定能转换想法，用更加灵活的思维看待事物——这便是本书的宗旨。

不局限于自己的视角，从各种各样的方向观察问题后，找出最佳视角。为平时随便许下的愿望划定界限，只关心真正重要的事，舍弃多余的欲望。如果有不可避免的人际关系，不是妥协或迎合，而是真正做到圆滑应对。本书没有直接解释斯多葛派哲学的“基本概念”，而是不断深挖爱比克泰德举出的事例来引导读者。

起初，作者荻野从爱比克泰德的《手册》中摘选并翻译了一部分内容，为其写了解读。但它们仍然有些难以理解，我们便邀请了斋藤哲也先生，为这些语录增添了一些身边的事例以供大众阅读。此外，我们还邀请了 KAORI 和 YUKARI 二位画了相应的幽默短漫，帮助读者进一步加深理解。

近年也陆陆续续发行了一些介绍斯多葛学派人生论的书籍，但像本书这样，保留格言集《手册》的原文，配以漫画来锦上添花，可以说是软硬兼备。想必这也是史上少有的吧。

书中爱比克泰德《手册》引文，依据 G.Boter ed., Epictetus Encheiridion, Berlin, 2007 译出。[1]

我衷心希望本书能帮助各位读者“好好生活”，思考真正重要的事。

最后，本书从开始策划到最终出版，都要感谢日本钻石社编辑部畑下裕宽先生的帮助。他反复斟酌材料的取舍、筹划整体的架构，还精心组织了编写绘画团队。

荻野弘之

1 简体中文版以作者的日语译出。——编者注

《手册》原文译文汇总

《手册》1

世间万事可分为“我们掌控之内的事”与“我们掌控之外的事”。判断（hypolepsis）、意愿（horme）、欲望（orexis）、厌恶（ekklisis）等，由我们自身发出的行动都属于掌控之内；而身体、财产、声誉、官职等，不由我们自身左右的事物都属于掌控之外。掌控之内的事物本性是自由的，不被束缚也不受阻碍；掌控之外的事物脆弱至极，受人支配也受人阻碍，压根不属于自己。

所以请各位牢记，如果你把本性受奴役的事物看作自由之物，把不属于自己的事物看作自己的，那么你必将受到阻碍，感到悲伤不安，开始怨天尤人。与之相反，如果你只把属于自己的事物看作自己的，也能尊重事实，把不属于自己的事物看作身外之物，那么就没人能够逼迫你、妨碍你。你绝不会责怪或为难他人，不做违背自己意愿的事，也不会四处树敌。所以没有人会伤害你，你也不会受到伤害。

如果你正为达到这一境界而努力，那么请记住，仅仅付出些许努力是远远不够的；有些事你需要彻底放弃，有些事你需要先放在一边。如果你既想要达到这样的境界，又舍不下官职和财富，最终只会一无所获，也永远无法获得自由与幸福。

因此我们需要训练。每当“未经审视［原文为 tracheiai，意为“粗糙的、简陋的”，此处用来描述未经加工的表象。——编者注］的表象”出现时，要告诉自己：“这只是表象，和事实大相径庭。”接着，运用你自己的标准，检验并审视这个表象属于掌控之内的事物还是掌控之外的事物，这一步至关重要。如果结论是“掌控之外的事物”，那答案已经浮出水面——这件事对你来说无关紧要。

《手册》2

记住，欲望为你带来你想要的，厌恶协你躲过你想避免的。得不到你想要的是时运不佳，躲不过你逃避的就会深陷不幸。

如果你只避开“掌控之内的事物”中“不合乎自然的部分”，那么你就永远不会被卷入其中。但如果逃避疾病、死亡或贫困，你就会深陷不幸。

因此，你要从想避免的对象中剔除掌控之外的事物，转而避开掌控之内的事物中不合乎自然的部分。

但就目前而言，你最好舍弃一切欲望。因为，如果你渴望得到某些掌控之外的事物，就必定遭遇不幸。而掌控之内的事物中能为你欲求的，你现在还得不到。

《手册》3

记住，面对任何能为你带来乐趣的东西、有用的东西，以及你十分珍爱的东西，都不能忘记它们的本质，哪怕最微不足道的也是如此。

比如，你很喜欢某个陶罐，那就要提醒自己喜欢的是陶罐，而不是具体哪一个罐子。这样，就算它碎掉你也不会心神不宁。你亲吻妻儿时，要提醒自己只是在亲吻凡人，这样当他们离世时，你也不会心烦意乱。

《手册》5a

导致不安的不是事物（pragmata）本身，而是对事物的看法（dogmata）。比如，死亡本身并不可怕，否则苏格拉底必不会那般坦然面对。我们真正恐惧的，是我们认为死亡可怖的看法。

所以若是受到阻碍，心烦意乱或伤心难过时，切勿责怪他人，而应该看向我们自己，责问自己对事物的看法。

《手册》5b

遭遇不幸时，没有教养的人会谴责他人，刚开始培育教养的人会责备自己。既不谴责他人也不责备自己，方为有教养之人。

《手册》6

不要为任何身外之物骄傲，因为那好处并不属于自己。一匹马炫耀自己的英姿尚且说得过去，但如果你炫耀自己有一匹美丽的马，那只不过是假借马的优势逞威风罢了。

什么才是真正属于你的长处呢？答案是“善用表象”。如果你在运用表象时能做到遵从自然本性，那你便可为此自豪，因为你是在为自身的长处喝彩。

《手册》8

不要苛求万事都能如你所愿，让该发生的顺其自然发生。这样，你就会过上安稳幸福的生活。

《手册》9

疾病会造成身体的障碍，但不会妨碍意志的自由，除非那是你的选择。腿脚不便，但于意志无碍。

不管发生什么事，都请告诉自己，困难会阻碍许多事物，但绝不会阻碍你自己。

《手册》10

在你遇到任何事的时候，都要问问自己，拥有怎样的能力来突破困境。

看见俊男靓女时，你可以发掘出自己的自制力。遭受苦役时，你可以发掘出自己的忍耐力。被辱骂时，你可以发掘出自己的承受力。如果你将这些化为习惯，就不会被表象迷惑了。

《手册》11

无论发生何事，都不要说“我失去了它”（apolesa），而应该说“我将它归还了”（apedoka）。

若你的孩子夭折，那是被送还了。

若你的妻子离世，那是被送还了。

就算你的地产被掠夺也是同样，它只是被还回去罢了。“夺走我地产的家伙可是坏人！”然而，给予一切的神要派谁来收回一切，怎是你能干涉的呢?

当你拥有时就好好珍惜，但切记它终究是他人之物，就像旅舍之于旅人一般。

《手册》12

如果你想（在学识、道德层面）有所进步，就请放下各种没必要的担忧，有如“不精心打理的话，我就难以维持生计”，或者“不好好管教奴隶，他就会变坏”。因为，比起应有尽有却烦恼不已地活着，在没有痛苦与恐惧的情形下饿死要好得多。再者，奴隶变得坏一些（kakos），也比你自己不幸（kakodaímōn）[更强调被恶魔缠身。——译者注]要好。

所以，我们不如从小事开始。油洒了一点也好，酒被偷了一口也罢，这种时候要对自己说，“这是助我练就不为所动、心如止水能力的代价，任何事情都要付出代价”。你呼唤奴隶时，他有可能不听你的话；即使听了，也不一定按你期望的去做。但不管怎样，他并未重要到能决定你内心的平静。

《手册》13

如果你想要进步，那在被人指出愚蠢之处时，也要心甘情愿接受。不要妄想你在别人心中是无所不知的。即使别人说你是个人物，自己也不可轻信。

那是因为，保持自身意志顺应自然本性的同时，还要关注外在的事物是十分困难的。当你只专注二者之一时，另一方必定会被忽略。

《手册》14

如果你希望你的妻儿、朋友能够长生不老，那可就太蠢了。因为你想强行掌控“自己掌控之外的生死”，想擅自操纵“属于他人的事物”。同理，如果你希望你的奴隶不犯错，那你也和傻瓜无异。因为你希望过失不是过失，而是别的什么东西。

但假如你的愿望是欲求之物不会落空，这件事不会令你失望，你能做的就是努力实现力所能及之事。

《手册》15

记住，生活是一场晚宴，而你应优雅地坐在桌旁。

食物传到你的面前，你就伸手去接，只取自己那份。若食物从你面前匆匆经过，勿去截取。若是迟迟不来，不要急着让欲望结果，请静候它的到来。

对待你的孩子、妻子、官职、财产时，都是如此。长此以往，总有一天你会有资格与众神同席宴饮。然而，如果你对眼前的事物不为所动、不取分文，那么你将不仅是众神宴饮的座上宾，还能成为与神共治之人。

《手册》16

当你看到有人因孩子远行或财产尽失而悲伤哭泣时，注意不要被表象迷惑，误以为是外物导致了他的不幸。相反，你应立即想到，“让他痛苦的并不是事件本身，因为其他人并没有因此痛苦，而是他对这些事件的看法”。尽管如此，请尽可能以合乎情理的方式陪伴在他身旁，视情况也可以与他一同感慨哭泣，但注意，不要让内心也陷入悲伤的旋涡。

《手册》17

记住，你永远是生活这出戏的演员，出场时间或长或短也全看编剧意愿。如果给了你乞丐的剧本，就演好自己的角色，给你跛脚者、官员，或是平民百姓的角色时也是同理。你的本分就是演好分到的角色，至于角色怎么分配，则是别人的工作。

《手册》18

如果乌鸦啼着不祥而来，不要被表象迷惑。请即刻做出区分，并告诉自己，“这些预兆并不是针对我，充其量是与我的身体、财产、名声，或者家人有关。如果我如此期望，那么所有的预兆就会化作吉兆，因为我可以控制自己用什么态度去对待这些事情。不论何物将至，于我皆可得益”。

《手册》19

当你看到那些声名显赫、权高位重，或深受好评的人时，注意不要被表象迷惑，也不要妄断他们就是幸福的。这是因为，只要认识到幸福的本质即我们掌控之内的事物，羡慕或嫉妒这类情感就毫无容身之处。不要向往将军、议员或执政官这些名号，而是要成为自由之人。通往自由的唯一途径，就是不在意“自己无法掌控的事”。

《手册》20

记住，羞辱你的，并非那些打你或骂你的人本身，而是认为自己被羞辱了的判断。如果你被激怒，那其实是自己看待事物的方式在作祟。

首先，试着不要被表象迷惑。一次也好，只要给自己思考的时间缓冲，就能更容易战胜自己的心魔。

《手册》21

每天都将死亡、流放等任何看似可怕的事置于眼前，尤其要直面死亡。这样一来，你既不会想卑劣低贱之事，也不会有所贪图。

《手册》23

如果你曾经为了取悦他人而把注意力转移到外部，那么你要知道，你已经毁掉了自己的人生计划。所以，不论出现什么情况，你只要满足于当下的事实，满足于做一位哲学家。如果你希望在别人眼里也是哲学家的话，记住，只要自己这样认定即可，这就足够了。

《手册》25

在宴席中，在问候时，或受邀参与商讨时，是不是有人比你受到的待遇更好？如果是好事，那么你应该为他感到高兴；但如果那些事并不好，你也没必要因为自己没有得到而愤恨不已。最好记住，你想得到“掌控之外”的事物时，如果没有他人那样的付出，也不可要求相应的回报。

恐怕无论对谁而言，在“登门拜访问候与不登门的人”“陪你外出与从不陪你的人”“说好话讨你开心和不说好话的人”

之间，都不可能给予同种待遇吧？如果你在没有任何付出的情况下还想免费得到一切，那你也太贪得无厌、不讲道义了。

说起来，生菜卖多少钱来着？也就一块奥波勒斯（古希腊的一种小银币，价值极低）左右吧。如果有人付了一枚银币买了生菜，而你没有付钱所以没有生菜，你不能因此认为对方得到的比你多，因为对方手里有生菜，而你手里尚有没支付的一枚银币。

实际生活中也是同理。比如，只有你没有被邀请去宴会，那是因为你没付出相应的筹码。或是听过甜言蜜语，或是承蒙了关照，举办宴会的人会依据平日的交情来发出邀请。如果你认为能从中获利，你只需要付出相应的代价即可。但如果不愿付出却又想讨便宜，那你实在是个贪得无厌的愚者。

但另一方面，你没赴宴就毫无收获了吗？不是的。你可以不用奉承你不想讨好的对象，也不需要容忍守门人的傲慢无礼。

《手册》26

我们可以借由一些不会产生争议的事实来领悟自然的意志。例如，别人家的奴隶不小心打破了杯子，我们会马上做出反应：“没事，打碎东西再寻常不过。”既然如此，你自己的杯子打碎时，也要有宛如他人之物的心态。

我们来设想一件更要紧的事。假如别人的孩子或者妻子去世了，我们都知道安慰一句“生而为人，死亡是无法避免的”。

但如果是自己的亲人离世，我们都会立即哭天喊地，认为命运悲惨至极。我们有必要记住，在听闻别人家讣告时我们究竟是何种心情。

《手册》30

合适的行为是由各种场景中的相互关系衡量的。如果某人是（你的）父亲，那么你需要照顾他，事事顺从他，被打骂也要忍受。

假如他不是个好父亲呢？注意，你无法要求他天生是个“好父亲”，你们缔结的也只不过是“父子”关系。

假如你发现自己的兄弟做了对不起你的事，一定要坚守自己对待兄弟的立场。不要关注对方实际做了什么，而是要关注自身，也就是你要怎么做才能顺应自然本性。

因为只要你不想，别人就无法真正伤害你。相反，认为自己受到伤害的时候，伤害才真正开始。如果你已会熟练观察各种关系，那么无论是面对邻居、市民还是将军，你都能发现对待他们的合适行为。

《手册》32

当你去占卜时需要牢记，你不知道未来会发生什么，正因如此，你才会向占卜师寻求答案。然而，如果你是真正的哲学家，在占卜前你就应当知道事物本质是什么样的。因为一件事只要是我们“掌控之外的事物”，那显然，它既不是好事也不是坏事。

因此，占卜时切勿带有任何欲望或厌恶，否则，你只会心怀忧虑，战战兢兢。无论未来发生什么，它本身并无善恶之分，对你也都是无所谓（adiaphora）的事。你完全有能力善用它，没有人能妨碍你。认清这一事实后，就请满怀信心地去占卜吧。

就像去拜会导师那样去见神明吧。假如接下来你被告知了一些事，请牢记给你忠告的是谁，如果你不听从，也请提醒自己究竟违背了谁的意见。

《手册》33：1、12—13

一开始，你就应该为自己立下行事准则与个性品格，这样无论独处还是结伴时，你都要贯彻到底。

（中略）

当你去见某个人，尤其是声誉很高的人时，提前想一想“苏格拉底或芝诺在这种情况下会如何表现”。这样一来，就不愁没有适宜的方式去利用这个机会了。

假如你有机会拜访某个有权势的人，请想象下面这个场景。

因为对方不在家，你吃了闭门羹，门啪的一声就被关紧，对方压根不把你放在眼里。

但即便如此，你也非去不可的话，咬咬牙上吧，把那些遭遇全忍到肚子里去吧！绝不抱怨“这么辛苦真不值得”。因为这是庸俗无能的人，即把万事都归咎于外部的人才会有的说辞。

《手册》34

当某事呈现令你快乐的表象时，也万不可大意。就像出现其他表象时一样，注意不要被它迷惑。不妨稍等片刻，多给自己一些缓冲时间。

下一步，开始想象两段时光吧。一段是你享受其中的时光，另一段是享乐之后追悔莫及、责备自己的时光。两相比较，你就能知道，远离享乐后，你将会无比喜悦和自豪。

即使眼下是享受快乐的绝佳时机，也要保持谨慎，不可轻易屈服于享乐的诱惑和魔力。仔细比较一番，你就能知道，引导你战胜诱惑的自觉是多么了不起。

《手册》35

只要你下定决心，认定某事非做不可，即便会遭到大多数人的误解或反对，也不要惧怕被人看到你的行动。

如果你的想法并不正确，那从一开始就不要采取任何行动。但是如果它本身是正确的，那为什么还要害怕那些指指点点呢？

《手册》37

如果你错估自己的能力，非要把重要角色揽到自己身上，那你只会因无法胜任新角色而颜面尽失，本来能够演好的角色也弃你而去了。

《手册》41

如果一个人在身体有关的事上耗费过多时间，说明他缺乏才能。长时间运动、吃喝，或是频繁排泄、交合，都是不可取的。那些事只是顺手而为，一切重心都应落到自己的内心（的想法）。

《手册》43

所有事都存在两种把柄（看法），抓住其中一端可以前进，而抓另一端会寸步难行。

如果你的兄弟对你做出不义之举，请勿抓住把柄，纠缠不放（因为这只会令你寸步难行）。而是应该从另一端入手，提醒自己，他是你的亲人，是和你一起长大的伙伴。这样一来，你也不会那样举步维艰了。

《手册》45

如果有人洗澡很迅速，千万不要说对方洗澡方式糟糕，承认对方洗澡迅速的事实即可。如果有人喝了很多酒，千万不要说对方酒品差劲，承认对方喝了很多酒即可。

因为在不知晓他人想法时，你又从何知道眼前的一切是好是坏？如果你足够慎重，那就不会在自以为把握了某一事物表象的同时，又做出赞同另一种表象的行为。

《手册》48

进步者的标志是，不责备也不赞美，不批判也不问罪。绝不夸耀自己的学识和才干，被人妨碍时，也只是责备自己（而非他人）。

如果有人夸奖他，他会在心里笑话夸奖他的人；如果他受到了谴责，也绝不为自己辩护。他就像大病初愈的病患，在彻底康复前小心翼翼地行动，避免牵动正在恢复的部位。

他将一切欲望从身上摘除，只避开“掌控之内的事物”中不合乎自然的部分。任何事在他眼中都不是“非黑即白”。即使被嘲笑愚蠢无知，也毫不动摇。一言以蔽之，他就像埋伏着的敌人那样，时刻监视着自己。

主　　编 | 谭宇墨凡
策划编辑 | 谭宇墨凡　王　偲

营销总监 | 张　延
营销编辑 | 狄洋意　许芸茹　韩彤彤

版权联络 | rights@chihpub.com.cn
品牌合作 | zy@chihpub.com.cn
出版合作 | tanyumofan@chihpub.com.cn

Room 216, 2nd Floor, Building 1, Yard 31,
Guangqu Road, Chaoyang, Beijing, China